SOCIÉTÉ D'ÉMULATION DES VOSGES
Médaille d'Argent Grand Module 1911
ACADÉMIE DES INSCRIPTIONS ET BELLES-LETTRES
Prix A. PROST 1922
ACADÉMIE DES JEUX FLORAUX DE PROVENCE
Prix FRÉDÉRIC-MISTRAL 1924

Nos 1 et 2.

Le Pays Vosgien et ses Habitants

ORIGINES - ÉVOLUTIONS - DESCRIPTIONS
prises aux Sources des Lieux jusqu'ici inexplorés
et inétudiés

GRANGES

PAR
C.-J. PETITJEAN, Greffier de Mairie
H. B. D. PETITJEAN, Institutrice et George PETITJEAN

« C'est un de ces lambeaux de la terre française
Où s'imprima sanglant le croc de l'ennemi,
Champ qui s'étend des bords sacrés de Domrémy,
Et des bois roux d'Argonne aux bois sombres de Fraize;

Ce sont ces hameaux, tels des nids dans la falaise,
Aux étages des monts suspendus à demi,
Où naquit le torrent qui roula vers Valmy
Les preux de Sambre-et-Meuse et de Quatre-vingt-treize;

C'est le berceau fécond de ce peuple indompté,
Dont les fils par le livre et par la Liberté,
Depuis plus de trente ans ont refait la Patrie;

C'est le seuil où la France, en des rumeurs d'airain,
Se tient face au danger, implacable et meurtrie,
La main sur son épée et les yeux vers le Rhin. »

E. MATHIS

NANCY
IMPRIMERIE CENTRALE DE L'EST
1930

Réimpression des Fascicules publiés en 1908 et 1909

SOCIÉTÉ D'ÉMULATION DES VOSGES
Médaille d'Argent Grand Module 1911
ACADÉMIE DES INSCRIPTIONS ET BELLES-LETTRES
Prix A. PROST 1922
ACADÉMIE DES JEUX FLORAUX DE PROVENCE
Prix FRÉDÉRIC-MISTRAL 1924

Nos 1 et 2.

Le Pays Vosgien et ses Habitants

ORIGINES - ÉVOLUTIONS - DESCRIPTIONS
prises aux Sources des Lieux jusqu'ici inexplorés et inétudiés

GRANGES

PAR

C.-J. PETITJEAN, Greffier de Mairie
H. B. D. PETITJEAN, Institutrice et George PETITJEAN

« C'est un de ces lambeaux de la terre française
Où s'imprima sanglant le croc de l'ennemi,
Champ qui s'étend des bords sacrés de Domrémy,
Et des bois roux d'Argonne aux bois sombres de Fraize;

Ce sont ces hameaux, tels des nids dans la falaise,
Aux étages des monts suspendus à demi,
Où naquit le torrent qui roula vers Valmy
Les preux de Sambre-et-Meuse et de Quatre-vingt-treize;

C'est le berceau fécond de ce peuple indompté,
Dont les fils par le livre et par la Liberté,
Depuis plus de trente ans ont refait la Patrie;

C'est le seuil où la France, en des rumeurs d'airain,
Se tient face au danger, implacable et meurtrie,
La main sur son épée et les yeux vers le Rhin. »

E. MATHIS

NANCY

IMPRIMERIE CENTRALE DE L'EST

1930

Réimpression des Fascicules publiés en 1908 et 1909

Le Pays Vosgien et ses habitants

GRANGES

Place de l'Église.

Fascicule N° 1

I

Notre but - Considérations générales

A part quelques études — approfondies et admirables d'ailleurs — sur nos plus importantes cités, et quelques monographies sur d'autres localités secondaires, notre pays vosgien est ignoré. De son histoire, de sa vie, dans la grande majorité de ses nombreux bourgs et hameaux, vieux de plusieurs siècles pour la plupart, on ne sait guère que ce qu'en rapportent les annuaires et autres publications d'ensemble, ouvrages se copiant fidèlement pour faire uniquement et sommairement connaître pour chaque localité les noms des fonctionnaires, les adresses des principaux habitants et négociants; l'indication de l'industrie qui lui donne du relief, des époques des foires et marchés, des divers services publics, etc...

Nous estimons que le moment est venu d'essayer de combler cette lacune, et de convier les passionnés du savoir, les chercheurs de bonne volonté, à la conquête historique et descriptive de notre région.

Que partout surgissent des notices, indépendantes les unes des autres, mais qui, par la suite, pourront être réunies et former une étude complète des nombreuses communes dont aucun écrivain ne s'était encore occupé et qui, on le reconnaîtra alors, sont fort intéressantes et parfois aussi dignes que nos cités maîtresses, d'être connues et appréciées, non seulement des amateurs, mais encore de tous les Vosgiens.

Certes, quand on a vu nos principales villes, nos sites les plus imposants : Plombières, Epinal, Saint-Dié, Bains, Vittel, la Schlucht, Remiremont, Gérardmer, le Ballon d'Alsace et autres points renommés; quand on a lu les productions littéraires qu'ont inspirées ces merveilles, il semble, en effet, qu'il ne reste plus rien d'intéressant dans notre pays des Vosges.

Et cependant, en dehors, à côté de ces lieux ravissants, combien d'autres localités, combien d'autres points ont aussi leur histoire attrayante, leurs charmes que l'on regrettera d'avoir si longtemps laissés dans l'ombre.

En parcourant, en fouillant les premiers, d'où vient que l'on jette à peine, en passant, un coup d'œil sur les autres? Pourquoi?... Parce qu'ils sont tout juste indiqués dans les livres de géographie, et rarement cités dans les guides, parce qu'on les ignore!

C'est pour combattre ce dédain, qui a trop duré, c'est pour réparer, autant qu'il est en notre faible pouvoir, cet injuste oubli, que nous nous mettons aujourd'hui à l'œuvre.

Puisse notre modeste labeur susciter de nobles élans des amis de l'éternelle science : l'homme et son rôle... Il s'en trouvera, nous le sentons, de ces collaborateurs désintéressés et infatigables pour traverser en tous sens notre superbe département, pour visiter tous les bourgs, villages, censes et campagnes à peine connue de nom. Sur place, ils évoqueront et recueilleront, pour les conserver avec soin, les échos des traditions, des légendes, les parlers du vieux temps; ils écriront l'histoire du jour et l'histoire d'hier de ces coins méconnus. Ils noteront tout ce qui pourra plaire au lecteur ou l'intéresser : mœurs modernes et mœurs anciennes; les différentes particularités de la vie antique et de la vie actuelle de nos montagnards, leur transformation au point de vue social. Ils parleront de leur industrie variée, de leurs us et coutumes bizarres, de leur caractère, de la condition faite et au pays et à ses habitants durant les principales phases de leurs annales.

Ils essayeront de décrire le pays même, ses curiosités naturelles, ses productions; ce qu'il était sous nos ancêtres, ses aspirations actuelles; ils établiront aussi d'utiles statistiques, etc., mettant à contribution, pour mener à bien ces multiples travaux, les souvenirs des doyens de nos hameaux, ainsi que les archives municipales, ces témoins impartiaux et dépositaires fidèles de l'histoire au jour le jour des hommes et des choses de nos communes.

Qu'il nous soit permis de commencer ce défrichement, cette tâche ardue, mais pleine de promesses, par l'étude de Granges — localité captivante et qui mérite, à divers titres, d'être mise au jour — avec la seule ambition d'apporter une pierre — dégrossie de notre mieux — au monument de nos rêves : faire connaître sous toutes ses faces, et jusque dans ses coins les plus reculés, tel qu'il a été dans le passé et tel qu'il est dans le présent, notre admirable et cher pays vosgien.

II

Origines de Granges. - Légende et Histoire.

La légende

La légende n'est pas toujours une pure fiction : elle est souvent même la relation — orale — de faits reculés, transmise d'une génération à une autre, mais en général d'une façon amplifiée, défectueuse, enchevêtrée. Dans ce cas néanmoins, il faut reconnaître que, si tout contrôle est impossible, la légende a une base sur laquelle, si l'historien ne peut s'appuyer, il n'y trouve pas moins une indication, un fil conducteur pour la recherche du vrai dans le labyrinthe du passé lointain.

La tradition — que le chercheur doit savoir dénicher, parfois dans les coins les plus obscurs, sous des monceaux d'épaves sans valeur (pour les indifférents et les oisifs) — rapporte que dans l'une des premières chasses effectuées par Charlemagne dans la sauvage vallée de la Vologne, ce prince, qui était accompagné d'une partie de sa cour — quarante à cinquante cavaliers — remarqua sur les bords de la rivière un espace de terrain non boisé, long d'environ un millier de pas et large de quatre à cinq cents.

Ce terrain, qui était très fertile, se composait de prairies et de champs assez bien cultivés pour l'époque. A l'une des extrémités de cette oasis s'élevait, à couvert sous la lisière du bois, cinq ou six cabanes, assez grandes et proprettes, habitées depuis peu de temps par une petite colonie d'aventuriers, venus on ne sait d'où et vivant paisiblement du produit de leur chasse, de leur pêche et de leurs travaux champêtres.

Ces habitations, qui étaient situées à l'endroit exact où se trouve aujourd'hui le hameau de Genazeville (qui est à proximité du centre de Granges), eurent alors l'insigne honneur d'avoir pour hôte d'un jour le grand empereur de l'Occident, lequel, étant fatigué, se reposa, ainsi que ses gens, dans cette tranquille retraite.

En s'éloignant, Charlemagne laissa à ces colons un riche présent, à la condition qu'ils construiraient la même année une vaste maison ou *grange*, aménagée de manière à pouvoir contenir, afin d'y être entretenus et dressés, un nombre déterminé de chevaux et de chiens, que le prince et sa suite, à chaque nouveau passage, emploieraient comme relai venant à point pour changer leurs bêtes harassées. Ce qui fut fait, à la grande satisfaction du monarque et des paysans qui, à chaque visite de leur hôte illustre, en recevaient de nouveaux dons.

Une fois devenue riche, la petite colonie s'agrandit, de nouvelles maisons, plus solides et plus confortables, furent bâties, le cercle des terrains défrichés s'étendit de plus en plus, et un certain nombre d'années après, un véritable village, Granges, fut créé, recevant tout naturellement le nom de son origine, des *granges de Charlemagne*.

L'histoire

Au commencement du VIe siècle, le territoire de Granges faisait partie du Royaume d'Austrasie, qui avait pour capitale Metz.

Trois siècles plus tard, à l'avènement de Lothaire, cet Etat prit le nom de Lotharinge, d'où l'on a fait le nom de Lorraine.

En 959, la Haute-Lorraine, avec le Barrois, formèrent les Duchés de Lorraine et de Bar.

Enfin, en 1048, l'empereur Henri III institua les ducs héréditaires. Le premier fut Gérard d'Alsace; le dernier fut Stanislas Ier, roi détrôné de Pologne et beau-père du roi de France. Après sa mort, les duchés de « Lorraine et de Bar » devaient être réunis définitivement à la France, ce qui eut lieu en 1766.

D'après les plus récentes données de l'archéologie, les débuts de l'homme primitif, dans les Vosges, ne remonteraient pas à la période *quaternaire* ou, du moins, s'il existait quelques rares types de la race préhistorique, ils ne purent résister, ni sans doute se mélanger aux occupants successifs : *Celtes, Germains, Romains,* d'où est sortie la population mixte actuelle.

Quoi qu'il en soit, dans les parages qui nous occupent, l'aire des premiers habitants était très restreinte et consistait en quelques cabanes informes, assises aux bords de la rivière et dissimulées dans les fourrés d'un accès difficile, en quelques grottes creusées sous les Roches des Baumes.

Les premiers défrichements et les premières cultures appréciables se placent au XIIIe siècle sous le duc Ferry III.

A cette époque, dans les « finages » où sont actuellement agglomérés Genazeville (berceau de Granges), Granges (le centre), le Bas-de-Granges, le Cours-de-l'Aître, les Paires, les Cherrières, les Voids, surgirent successivement mais lentement, les premiers groupes d'habitants, qui furent de bonne heure désignés, dans leur ensemble, sous le nom de Gringeaux (de Granges gringe, en langage du temps).

Cette dénomination s'explique aisément : copieusement arrosée sur les bas-côtés longeant, au sud-ouest, la montagne des Baumes et, à l'opposé, celles du Tayon, du Palon et de la Moulure; par les crues quasi-périodiques de la rivière, dues aux pluies automnales et à la fonte des neiges, la large vallée était abondamment fournie d'herbages et de tendres arbrisseaux. D'où l'élevage, réunis par groupes d'habitations, d'assez forts troupeaux des espèces bovine, caprine, porcine, etc., de canards, oies, qui nécessitaient l'établissement, sur les points hauts (axe de la vallée), de vastes écuries et engrangements.

Les progrès de la culture, puis ceux de l'exploitation forestière et du tissage des toiles de chanvre et de lin, se développant, le reste de la vallée, en aval et en amont, ainsi que les flancs et jusque le sommet des montagnes environnantes, se peuplèrent à leur tour et formèrent — ayant constamment *Granges* pour chef-lieu — les hameaux et cens de Frambéménil et dépendances; du Pré-Genêt, des Chappes, de Rosé, de Tihangoutte, etc.; du Jay, du Poutreau, des Huttes, de Berchigranges, etc.; de Petempré, du Spoix, de Gadémont, des Crostés, de Menaumont, etc., le tout formant le « Ban de Granges », réunion des intérêts collectifs des finages des cinq communautés, lesquelles conservaient leur autonomie propre pour les affaires ou questions de détail.

Les limites territoriales respectives de ces cinq groupes, qui étaient, par endroits, vagues, imprécises, mélangées, peuvent néanmoins se rétablir ainsi par rapport à l'état actuel, savoir :

1° La Mairie de Granges (centre du bourg; les Voids, le Bas-de-Granges; toute la côte de Rosé, depuis le Pré-Genêt jusqu'à Herméfosse);

2° Les nouveaux Arrentès : les Paires; les Cherrières (en partie), la Grange-Léonard, les Crostés, les Gouttes-d'Aufour, le Haut-Rain, le Page (commune de Liézey), les Aunaux, Petempré);

3° La Juration de Frambéménil (hameau de Frambéménil, les Menimis, les Egelets, le Boulay, les Quatre-Vents, la Passementière);

4° Les Arrentès au-dessus de Granges (Nallangoutte, Maripré, Berchigranges, Liézey (partie);

5° Les Vieux Arrentès (Les Paires (en partie), les Cherrières (en partie), Genazeville, le Jay, le Poutreau, Blanchefeigne, Sorégoutte).

Les communautés 2 et 4 « ne forment aucun village; elles sont composées de maisons et hameaux entremêlés parmi les autres communautés ».

En 1790, la 1re communauté comptait 94 conduits, ou chefs de ménages, la 2e 60, la 3e 70, la 4e 37 et la 5e 30.

L'unité de Granges, qui était depuis longtemps un fait acquis, certain, au point de vue spirituel, ne fut réalisée, au point de vue administratif et officiellement, que le 26 décembre 1791, par délibération (approuvée le 10 février suivant par le Directoire du District de Bruyères), prise en *Assemblée plénière par les Conseils généraux* des cinq communautés « arrêtant que les cinq Municipalités seraient réunies pour, dorénavant, n'en former plus qu'une ».

III

Évolution des idées et des conditions de la vie individuelle sociale et économique. Principaux faits et évènements jusqu'à la Révolution.

Pour se faire une idée aussi exacte que possible de ce qu'était l'existence de ceux qui nous ont précédés sur les lieux que nous sommes fiers d'occuper aujourd'hui, il importe de remarquer d'abord que le principal organisme en fut le culte, (base de la vie familiale et de la vie en commun), qui dominait et réglait tous les autres mobiles, tous les actes.

Depuis son premier vagissement jusqu'à son dernier souffle, depuis son lever jusqu'à son coucher, en une foule de circonstances, l'homme était tenu — en plus des devoirs réguliers inhérents à son état de catholique — à diverses pratiques, relevant plutôt d'un vague mysticisme. Un certain nombre de ces pratiques — qui n'avaient, du reste, au fond, rien de commun avec la vraie morale religieuse, tout en se manifestant sous ses auspices — n'existent plus qu'à l'état de souvenir dans la génération qui passe.

Parmi ces dernières, il y a lieu de citer :

L'usage de faire manger au bétail du pain bénit à la messe de Saint-Blaise;

Celui de brûler, devant l'autel de la Vierge, trois cierges marqués *Saint-Vit, Saint-Meurt* et *Saint-Languit,* pour être fixé par celui qui s'éteignait le premier sur le sort d'un malade tirant une longue agonie;

La sonnerie des cloches en volée pour disperser un gros nuage menaçant;

L'aspersion par un prêtre du brasier avec de l'eau bénite, pour arrêter les ravages d'un incendie.

La précaution de mettre soigneusement de côté des œufs pondus le vendredi-saint et qui avaient la même vertu d'éteindre le feu;

Celle, pour être assuré d'une bonne récolte, surtout en céréales et en produits du jardin potager, de s'intéresser pour les confier à la terre, moins de l'état de celle-ci ou de la température, que du jour de la fête de tels saints ou saintes;

L'habitude de tracer, avec le couteau, une croix sur la miche de pain avant de l'entamer;

De donner à un nouveau-né le prénom de *Deil* pour le garantir des convulsions; celui de *Claire* pour lui éviter des maux d'yeux;

La résolution de réciter chaque jour, pendant une période fixe, les oraisons de Sainte-Brigitte, pour être assuré de connaître d'avance la date de sa mort, etc...

Par quelle fatalité, par quelle aberration ou par quel besoin d'équilibre des nécessités, des aspirations, de la vitalité humaine, cette énorme force en est-elle arrivée à voir diminuer son autorité et son influence, au point de craindre même pour son existence de demain? C'est l'éternelle leçon du passé, éternellement méconnue...

Quoi qu'il en soit, cette prédominance des éléments religieux, qui s'étendait aussi bien sur les choses corporelles et terrestres que sur toutes les manifestations de la pensée, ce rayonnement de l'âme humaine, était cependant mitigée, chez les Gringeaux, par cet esprit et ce besoin de solidarité et d'indépendance, né d'une longue habitude de la vie en communauté.

Cet état de liberté, très appréciable pour l'époque — qui explique peut-être la sérénité et le calme avec lesquels, comme on le verra plus loin, ces populations au gros bon sens vécurent sans excès répréhensibles la tourmente révolutionnaire — se manifestait dans maintes circonstances. C'est ainsi que si le maître d'école, qui était sous la dépendance du curé et, avant tout, son servant pour les offices et exercices du culte, que si la sage-femme (*la matrone*) devait prêter serment entre les mains du prêtre, chef de la paroisse, conformément au rituel du diocèse, ce fonctionnaire et cette praticienne *devaient, au préalable,* avoir été choisis : l'un par l'assemblée des notables ou citoyens actifs et l'autre par le *suffrage des femmes* réunies à cette fin.

La pratique de la vie en communauté était intense et vivace presqu'au même degré que la vie familiale. Elle avait sa source dans les occupations, les besoins journaliers.

Dans le cours des bonnes saisons, les travailleurs champêtres d'une section, d'un *finaige, finage,* disait-on alors, avaient des rapports quotidiens. Soit pour labourer, pour faucher ou fauciller, pour rentrer hâtivement une récolte à l'approche d'un orage, pour l'entretien des chemins, pour arracher un arbre ou une roche qui encombraient un champ ou un passage, il fallait souvent s'aider mutuellement, les uns fournissant les bras, les autres l'*attirail* (attelage) ou l'outillage.

Au moment des gros ouvrages : labours et semailles, récoltes des seigles, avoines, fourrages et autres denrées, travaux ou récoltes ne pouvant être différés sans péricliter, si un chef de ménage tombait malade, si une pauvre femme venait à perdre son mari, et s'il n'y avait pas d'enfant d'âge et de force à le suppléer, vite il s'organisait une *croua* (corvée) où toutes les personnes aptes du voisinage s'empressaient de faire, gratuitement, les travaux nécessaires pour tirer d'embarras la famille éprouvée.

De plus, le four, la scierie, le moulin, qui appartenaient d'abord aux ducs ou à leurs suzerains, et plus tard aux communautés, étaient, moyennant diverses redevances (1), à l'usage commun des habitants d'un même hameau, d'une même communauté, d'un groupe de communautés. Il en était de même pour les terres dites de *vains pâturages* (2).

Les sentiments de franche fraternité qui animaient nos aïeux étaient encore développés, exaltés par les réunions, très fréquentes, des après-midi d'hiver appelés *couarôges,* et par les grandes veillées, plus espacées (les loûres) entre voisins et amis.

Deux sortes de causes ont, pendant longtemps, entravé ou retardé le développement de la population et son ascension au progrès, aux conquêtes de la civilisation.

Les premières, d'ordre local et matériel, tenaient à la nature même du territoire. Le sol du fond de la vallée était très humide (3) et se composait, à part quelques lots de prairies naturelles, de roches et pierrailles, les unes à peine couvertes d'une légère couche d'humus, les autres à nu, le tout garni de broussailles, d'arbustes et de vieilles racines. Sur les côteaux et sur les montagnes s'étendaient des forêts de résineux, entrecoupées de terrains arides, rocailleux, où il ne poussait que des fougères, de la bruyère et des genêts. La mise en culture de ces différents parcours fut donc lente et pénible.

On rencontre encore de nos jours, du côté de Frambéménil, quelques échantillons de ces énormes *meurgers,* séparant les héritages, et qui s'étaient insensiblement constitués par les amas de pierres et quartiers de rocs provenant des défrichements patiemment élaborés, de chaque côté, par les générations successives. Ces faciles carrières de moëllons ont été utilisées pour les constructions modernes, et leurs emplacements ont augmenté d'autant le patrimoine des terres cultivables et des prés.

---

(1) Il y a lieu de faire remarquer que les « manants » du Ban de Granges ne furent jamais les « serfs » véritables bêtes de somme dont les historiens font mention à propos de certaines provinces, où parfois l'on vit le peuple se révolter pour conquérir, par la force, les *droits naturels* dont il avait été si longtemps et si injustement privé.

(2) Proposé à différentes reprises par l'Administration supérieure, le partage de ces terrains fut constamment repoussé, ainsi qu'en font foi deux délibérations de l'Assemblée municipale du 4 août 1793 et du 10 avril 1832.

(3) De nombreux troupeaux d'oies et de canards grouillaient encore dans le cours du XVIIIe siècle au Quouaqueu, aujourd'hui le Jay, qui fut le dernier retranchement de ces bourbiers, asséchés et assainis depuis.

L'autre cause, d'ordre plus général, fut l'état de guerre à peu près continu auquel la malheureuse et enviée Lorraine fut livrée de temps immémorial jusqu'en 1674.

Notre province eut à lutter, notamment sous Charles-le-Gros et sous Charles-le-Simple, rois de France, contre les Normands et les Franks, qui la pillaient et la ravageaient tour à tour, sans compter les désordres et les dommages causés par les guerres intestines entre seigneurs, évêques et abbés.

Au cours des 12e, 13e et 14e siècles, sous les ducs Mathieu Ier, Ferry II, Thiébaut Ier, Mathieu II, Ferry III, Thiébaut II, Ferry IV, Raoul Ier et Jean Ier, le pays fut presque continuellement en guerre.

Ce fut sous le règne du duc Charles II, en 1425, que se révéla la « bonne Lorraine », l'héroïque Jeanne d'Arc. Elle était alors âgée de treize ans et, quatre ans plus tard, elle commençait sa surhumaine mission libératrice, qui se terminait par son martyre le 30 mai 1431.

Notre région eut particulièrement à souffrir des luttes sanglantes que notre pays eut à soutenir contre Charles-le-Téméraire, duc de Bourgogne (1475), contre les Suédois (1635), contre les puissantes armées de Louis XIV, que ne put vaincre le courageux duc Charles IV.

Au cours de cette guerre, la plus désastreuse, et qui ne fut terminée qu'en 1661 (Traité de Vincennes), les principales places fortes de la Lorraine furent prises et rasées; il en fut de même de presque tous les châteaux-forts.

En 1642 et en 1674, Granges, ainsi que Champdray (commune limitrophe) furent maltraitées. De grands parcours de bois furent ravagés par le feu.

*
* *

L'agriculture pastorale et la culture à graines paraissent s'être implantées simultanément à Granges. D'égale importance d'abord, la dernière prit vite le dessus et l'a naturellement conservé.

Le pacage, en troupeaux de hameaux ou de communautés, a totalement disparu, et le nombre de ceux qui « lâchent » encore leurs bestiaux, pendant quelques mois de l'année seulement, et dans les friches, les pâtis leur appartenant, ou dont ils ont la jouissance, se restreint de jour en jour.

L'antique « houe » fit vite place au « herté », la charrue des anciens, avec versoir en bois, et mobile, laquelle a enfin cédé le pas à la charrue moderne, il y a moins d'un siècle.

Avant le 17e siècle, les relations avec les cités voisines étaient à peu près nulles, à cause surtout du peu de sûreté et de facilité des moyens de communication. L'argent était rare. Il fallait vivre de peu. Aussi la population exclusivement agricole était-elle obligée de se suffire à elle-même presque complètement avec ses menues ressources, avec ses propres produits, qu'elle accommodait à sa façon, avec l'aide de quelques artisans locaux, généralement adroits, qui fabriquaient d'habitude grossièrement, assez souvent avec un vrai sens artistique, les multiples ustensibles du ménage, les divers objets du mobilier, les instruments aratoires, les chariots, brouettes, tours à filer, etc., voire même la charpente et la menuiserie des bâtisses.

Les habitants de la vallée, comme ceux des montagnes, se nourrissaient du pain, du fromage, des *beignets*, confectionnés par eux-mêmes; du lait de leurs vaches et chèvres, des œufs de leurs volailles; des quelques fruits de leur meix (jardins potagers et vergers), poires, pommes, noix, etc. Ils se vêtaient — linges et habits — avec des toiles et les grossières étoffes qu'ils faisaient eux-mêmes par la manipulation et le tissage du produit des petits carrés de *chanvre et de lin* que chaque ménage un peu important cultivait régulièrement. Une étoffe, qu'on appelait mehure, dont la chaîne était en fil de chanvre ou de lin et la trame en laine filée et retordue, et teintée en bleu généralement, parfois en rouge, laquelle servait à faire les vêtements de dimanche, a été très longtemps en usage. Elle était également fabriqué par le paysan gringeau.

Les graines du lin et du chanvre, conduites à l'huilerie annexée à chaque moulin, donnaient de quoi alimenter les heurchots (lampes rustiques) et des tourteaux pour l'engraissage du bétail.

Aux jours de fêtes, le menu du repas qui, en fait de viande, en temps ordinaire, consistait invariablement en lard salé (provenant des porcs élevés et engraissés par les consommateurs) et cuit dans la soupe, ou avec un plat de fèves, de pois ou de choucroute, ou plus tard de pommes de terre, se corsait, pour les familles aisées, d'une pièce fumée, d'une andouille, tirées aussi de la bête qui avait fourni le lard, d'une portion de viande de vache, — abattue dans le voisinage pour la circonstance, — d'une poule, d'une tarte sèche, dite quiche, ou d'une tarte aux pommes, aux mirabelles ou aux brimbelles (myrtilles des bois), qui poussent encore spontanément et à profusion sous les sapins de nos forêts.

Ce ne fut qu'à partir des derniers ducs, sous le règne desquels la tranquillité générale fut à peu près assurée, que se développa l'aisance et une sorte de luxe relatif dans les conditions journalières de l'existence. L'exploitation forestière, dont les produits : bois de charpente, de service, de chauffage, s'écoulaient mieux, fit vivre des équipes de bûcherons, de charroyeurs de tronces, des marchands de bois. Les divers produits de la culture, le bétail élevé pour la boucherie, pour le trait, se vendaient bien aux foires environnantes. Fromages, beurre, œufs, volailles étaient achetés sur place par des revendeurs (cossons), qui les conduisaient ou les portaient aux marchés de Bruyères, Epinal, et autres centres.

La fabrication à façon de la toile de ménage occupait le cultivateur entre temps, c'est-à-dire pendant les jours pluvieux de l'été et durant la majeure partie de l'hiver. Elle lui apportait régulièrement un surcroît de recettes très appréciable, tout en procurant de larges bénéfices à une demi-douzaine de marchands de toiles et à quelques blanchisseurs de toiles de la localité. Cette industrie, qui battait son plein vers la fin du 18e siècle, époque où elle comptait plus de 150 métiers à bras, tant dans l'agglomération que dans les écarts, déclina rapidement depuis, pour disparaître peu après 1870.

Le commencement du 19e siècle marqua aussi la disparition de la heugeotte, la séculaire et grande huche familiale, qui avait sa place dans tout poële (principale pièce du logement). Dans ce long coffre de bois, on rangeait les effets d'habillement, les linges de table, de lit et autres menus objets; il servait en même temps de siège. Il a été remplacé par l'armoire, large et haute, luxueusement façonnée, en bois de chêne ou de noyer, et garnie au mieux par le trousseau, et que toute fiancée apportait, et apporte encore en dot. Apparaît en même temps la crédence avec son dressoir, où s'étalaient les assiettes et les plats en terre cuite, vernissée au feu, et richement enluminés de curieux dessins, et qui sont aujourd'hui tant recherchés des amateurs. Ce meuble original et gai, orgueil des anciennes ménagères, a été remplacé presque partout, et désavantageusement, à notre goût, par le trop massif, trop sobre buffet de cuisine, et par la disgrâcieuse *araignée.*

Apparaît aussi le symbolique et charmant usage, qui s'est conservé, d'orner les fenêtres des habitations de pots de fleurs variées et entretenues avec le plus grand soin par la jeune femme aimante ou par la demoiselle à marier.

Nous ne saurions mieux terminer ce chapitre qu'en transcrivant telles quelles les simples notes suivantes trouvées dans un vieux manuscrit :

« L'an 1731, il y eut de la neige dans le fond de Granges pour le moins trois pieds et demi partout pendant le mois de février.

« L'an 1731, il y eut une maladie sur les bestiaux vers le mois de décembre, elles avaient mal sous la langue, cela ne dura pas longtemps, cela fut partout le pays. On les râclait la langue avec une pièce d'argent et avec du vitriol.

« La postérité aura mal de croire le mal que l'on eut pour faire les chemins qu'on a vue enlevée. Et surtout le pont le Febvre proche dicy.

« Depuis le mois de septembre 1733, toute l'Europe était en guerre à cause de Stanislas, roi de Pologne, qui était le beau-père du roy de France Louis XV.

« Le 6 juillet 1734, l'eau a été débordée extrêmement, tous les ponts de Granges ont été enlevés, cela causa du grand mal dans le pays.

« Vers le 15 juillet 1734, les chenilles mangèrent tous les chanvres, lins et pommes de terre (1). C'était une grande désolation dans ces quartiers.

« En l'année 1738, le 1er du mois de mai, il y eut un pied de neige et le lendemain la glace portait dans les chemins.

« Les 16 et 18 janvier 1739, il fit un vent extraordinaire, presque toutes les maisons ont été découvertes et des églises *emportées.*

« L'année 1739, l'hiver commença peu après la Saint-Remy au mois d'octobre et continua jusqu'au mois de mai de l'année 1740. Il n'y eut que quelques journées dans ce temps qu'il fit un peu doux. La gelée fut extrême pendant cinq ou six mois. Cela finit le 24 mai, il y eut grande disette de foing pour les bestiaux. La même année, la neige recommença au 1er octobre, le froid fut extrême au commencement de novembre et les eaux extrêmement hautes pendant quinze jours vers la fin de décembre.

« En l'année 1743, il fit une neige extraordinaire vers la Saint-George. »

« Il a gelé l'année 1741 jusqu'au 15 mai fortement. »

IV

Église. — Choses et Personnel du Culte

EGLISE. — A l'encontre des peuples heureux, l'Eglise de la paroisse Saint-George, de Granges, a une histoire, histoire même assez compliquée, ce qui nous autorise tout d'abord à solliciter de nos lecteurs un peu d'indulgence relativement au décousu forcé des matières de ce chapitre.

Cet édifice, dont seuls les murs latéraux du corps principal, *vaisseau* ou *nef,* sont restés tels qu'ils étaient primitivement, (sauf plusieurs surélévations et un rallongement du côté du chœur), date d'environ cinq siècles.

Chaque période séculaire y a apporté, selon les besoins et les ressources, de nombreuses modifications, augmentations et améliorations, qui en ont fait un ensemble architectural assez original.

Les principales restaurations et additions, et les plus gros travaux d'entretien sont :

---

(1) Les historiens s'accordent à dire que ce précieux tubercule, une des plus heureuses conquêtes de l'humanité, ne fut vulgarisé en France qu'après 1783. C'est avec fierté que l'on constate que, sous ce rapport, comme sous celui de la *Liberté,* nos pères étaient à l'avant-garde du progrès.

1° En 1661-1662, reconstruction de la tour.

Ces travaux nécessitèrent une dépense totale de 10.424 fr.(1), sans compter les nombreuses corvées effectuées par les paroissiens.

Dans le détail des dépenses, il est curieux de relever, d'après les comptes de l'époque :

« Pour frais de visite des *fondemens* de ladite tour par le Lieutenant de Bruyères, et par le Gouverneur le Prévôt de Bruyères, assistés du Me *masson Gérosmes* et autres massons... 43 fr.

« Pour vuidange de la terre et pierres des fondements, par traité par devant Me Baradel, tabellion... 164 fr.

« Pour les *vins* du marché... 7 fr.

« Pour *dresse* d'un placet aux Dames du chapitre de l'Eglise Saint-Pierre de Remiremont, pour avoir permission de prendre de la *pierre blanche à Mortagne* (à 20 kil.) et droit... 4 fr. 8.

Cette pierre de grès blanc, fin, servit à faire le portrait, entrée principale, qui se compose de deux montants supportant une voûte cintrée; d'un chapiteau en forme d'arc de cercle, au sommet tronqué, le tout assez bien taillé. Dans ce chapiteau est encastré, sculpté aussi sur pierre blanche, un Saint-George équestre datant du XIIe siècle. Couronnant le tout, il y a, dans une niche, une statuette, moderne, de la Patronne de la Paroisse de Granges : *Sainte Barbe,* car doublement privilégiée sous ce rapport, cette paroisse a un *patron* et une *patronne.*

« Payé au comptable pour sa peine et dépens d'avoir été à *Champdray* prier les paroissiens de faire des charroys de pierres coupées à leur montagne pour la dite tour, et pour faire travailler ceux des paroissiens qui estoient à leur tour de décombrer la pierre à la montagne de Granges... 8 fr.

« Pour le louage de la maison des Paires pour y loger les *massons* de la dite tour un an durand, y compris 2 fr. de vin le jour du louage... 27 fr.

« Payé à ceux qui ont fourni les *litz* (lits) pour coucher les massons... 20 fr.

« Pour les dépenses des hommes employés à *avaler* (descendre, mettre en bas), les bois et pierres, les cloches, la *coiffe* en bois qui estoient dans l'ancienne tour... 34 fr.

« Au charpentier qui fut resous d'entreprendre d'aller décrocher la qui estoit audessus de la coiffe... 7 fr.

« Dépenses pour charpenterie (y compris 44 chênes payés 117 fr.), planches et bois... 581 fr.

« Pour la chaulf (chaux), provenant de *Destord,* et payée à raison de 3 fr. 6 gros le *muid...* 717 fr.

---

(1) Il fut vendu « par enchère de vendage » 28 pièces de terre (champs et prés appartenant à l'Eglise) pour la somme de 2.582 francs, qui fut affectée à la construction de la Tour.

« Pour le travail des maçons et tailleurs de pierres, il a été payé à « Maistre Jérosmes Brung (traité du 9 octobre 1661, en plusieurs paiements... 7.100 fr.

Cette tour carrée, massive — celle qui existe encore et qui est en parfait état — est entièrement bâtie en grosses pierres de taille de grès rose, à gros grains. Elle à 7 m. 15 de côté, sur une hauteur totale de 18 m. 20. Elle est surmontée d'une flèche tout en bois, octogonale, bien dégagée et encore couverte en *eschis* (essis, bardeaux), qui date de 1683.

Au-dessus de la flèche s'élève une croix en fer forgé de 4 mètres portant, dans les croisillons, le millésime de 1802.

Elle est flanquée, de chaque côté, d'un petit contrefort ou tourelle à trois pans, montant à peine à mi-hauteur de l'édifice. Le contrefort de droite ne date que de l'importante restauration de 1864-65.

2e En 1667. — La toiture de l'Eglise ayant été fortement endommagée, il fallut y faire des réfections urgentes. Pour couvrir, en grande partie, les frais nécessités par ces travaux les habitants de la Paroisse adressèrent au Duc régnant une supplique exposant : « que la toiture de leur Eglise ayant tombé le jour de la St-Sébastien (20 janvier) ils ont été obligés de la faire réparer tout à neuf. Ils ont exposé partie des deniers qui appartiennent à la dite Eglise pour le payement des massons, charpentiers et achapt des choses nécessaires. Et que la nef de la même Eglise se trouve encore en très mauvais état... Et pourquoi ils ont recours aux grâces de votre Altesse. Il est impossible pour ce faire sinon en vendant *quelques pièces* d'héritages qui en dépendent et de la fabrique des trépassés... »

Cette requête, instruite par « amé et féal substitut de Bruyères » fut agréée, et le 1er décembre 1667, autorisation fut accordée aux suppliants de procéder à la vente en question.

3° en 1738. — Depuis plusieurs années, vu l'augmentation continue de la population, le besoin se faisait sentir d'agrandir l'Eglise. Pour décider les paroissiens à effectuer enfin les travaux très importants indispensables pour réaliser cette amélioration tant désirée, l'Autorité diocésaine dut employer les grands moyens.

« Ordonnance de visite pour Granges, annexe de Champs.

« Scipion Jérôme, par la grâce de Dieu et l'Autorité du St-Siège apostolique, Evêque Comte de Toul, Prince du St-Empire.

« Vu le procès-verbal de visite faite le 22 octobre 1734, en l'Eglise de Granges, annexe de la cure de Champs, par le Sr Pellico (ou Pellier), curé d'Aydoilles, doyen rural d'Epinal, en exécution de notre commission du 20 juin de la dite année, par lequel procès-verbal, il compte que ladite Eglise ne peut dans l'état où elle est, contenir tous les paroissiens du lieu pour y assister aux services divins, le chœur d'icelle n'ayant que 20 pieds (1) en longueur et 21 pieds en largeur, et la nef n'ayant de longueur que 44 pieds 1/2 et de largeur que 57 pieds, tandis que le nombre des paroissiens est de 970 ou environ (2) et que d'ailleurs il y a dans la dite Eglise deux autels appuyés sur les deux pilliers qui soutiennent trois arcades qui séparent le chœur de la nef, lesquels deux autels seront incessamment démolis et ôtés de l'endroit où ils sont, et *qu'au plus tard un an* à compter du jour de la publication de notre ordonnance, la dite Eglise sera augmentée de façon qu'elle soit en état de contenir tous les paroissiens, *sinon, le dit temps passé, la dite Eglise demeuerra interdite,* sans qu'il soit permis à aucun prêtre *d'y dire la messe,* ni y faire le service divin, sous *peine de suspense.* Défendons quand à présent à tous qu'il appartiendra *d'emploer* aucuns deniers appartenant à la fabrique de l'Eglise à *l'augmentation* n'y *autres réparations d'icelle.* Et sera notre prescrite ordonnance publiée, par le vicaire de la paroisse, au prône le 1e dimanche après qu'elle lui aura été remise, à ce que personne n'en ignore. »

L'ordonnance ci-dessus, datée du 29 juillet 1736, à Toul, fut publiée le dimanche 30 septembre suivant, au prone, par N. Romary, prêtre à Granges.

Cette affaire trainant en longueur et la date fixée pour l'interdiction de l'Eglise approchant, un sursis fut demandé, disant :

« J'ai fait tout ce que j'ai pu dans le cours de cette année pour porter les paroissiens à faire l'augmentation nécessaire. Il y avait de la division parmi eux parce que la paroisse est composée de 6 communautés. Cependant, voyant le terme de l'interdit approcher, ils se sont enfin réunis et ont fait les marchés pour l'augmentation. Il y a même des matériaux sur place ... Et comme il faudrait démolir tous les autels, je demande à Votre Grandeur cette permission, ainsi que de faire construire *une* autre autel dans la nef qui restera, avec une *pierre sacrée,* pour y célébrer le St-Sacrifice avec décence. On la fermera autant qu'on pourra. Les paroissiens prient humblement Votre Grandeur de leur permettre de faire quelques charrois les jours de fêtes. J'ai l'honneur de lui estre mais avec toute soumission et le respect possibles, Monseigneur, votre très humble et très obéissant serviteur signé : N. Romary, du 18 septembre 1737.

Le coût du voyage à Toul du nommé J. N. Lecomte pour porter cette missive et rapporter la réponse fut de 18 fr. 1 gros.

La réponse de l'Evêché, du 19 septembre 1737, dit qu'il veut bien surseoir à l'interdit, à condition que l'augmentation de l'Eglise sera faite pour la St-Jean-Baptiste de 1738, et donne toute permission pour le changement des Autels.

---

(1) Le Pied : 0 m. 3284.
(2) Sans compter sans doute les enfants au-dessous de 9 ans.

Le 4 janvier 1738, nouvelle lettre à ce sujet du curé Romary à l'Evêque qui accorda un nouveau sursis de l'interdit jusqu'à la Toussaint de 1738.

Enfin « on commença à rétablir l'Eglise, à la démolir pour faire l'augmentation le 5 may 1738 et le 30e du mois de novembre, même année, on a recommencé à dire la messe dans le chœur. Le même jour l'Eglise a été bénite par M. Lamarre, curé de Champs ».

Ces travaux consistèrent en : allongement de la nef de 46 pieds (elle en avait avant 44), adjonction de 3 fenêtres de chaque côté ce qui en porta le nombre à 6 de chaque côté.

Le chœur prit la forme qu'il a actuellement. A l'extérieur, il présenta 5 faces garnies aux angles de quatre contreforts en transepts et de quatre fenêtres. (Depuis une quinzaine d'années, il y a au chœur cinq grandes fenêtres décorées de riches vitraux modernes représentant des scènes de la vie du Christ).

Les paroissiens furent obligés de fournir tous les matériaux de construction.

L'entrepreneur de la maçonnerie fut un nommé Pedronin. Les travaux de charpente, — bois fourni par les forêts de Granges, furent confiés à M. Dupont, maître charpentier, à Bruyères, moyennant la somme de 550 livres. Le nommé Prince Nas, moyennant le prix de 2 sols et 1 liard par pied de pavé, s'obligea à paver l'Eglise — en prenant la pierre à la Moulure de St-Boinfaing (commune de la Chapelle), et à la Moulure de Menoumont (Granges), et en cas d'insuffisance de ces deux carrières au Spiémont (commune de Champdray). Les paroissiens lui fournirent 60 journées de manœuvres.

D'après un rôle de corvées pour charrois de pierres, de sable et de journées de travail, pour l'augmentation de l'Eglise en 1738, il y eut 183 ménages pour faire des charrois, et 297 habitants pour faire des journées, dont 55 rachetèrent en argent leurs journées de travail.

En voici le détail :

Communautés : de « Séroux », 31 habitants (ménages), pour avoir fait des charrois et 55 pour faire des journées, dont 9 les rachetèrent en argent;

De « la Mairie de Granges », 42 hab. ayant fait des charrois, et 78 ayant fait des journées, dont 20 payèrent.

Des « Vieux-Arrentés », 16 habitants ayant fait des charrois, 28 des journées (4 payèrent);

Des « Nouveaux-Arrentés », 55 firent des charrois, 70 des journées (12 payèrent);

Des « Arrentés-au-dessus » 12 ayant fait des charrois, et 22 des journées (1 a payé);

A la « Juration de Frambéménil », 27 firent des charrois et 44 des journées (9 payèrent).

4° — En 1864-1865. — La plus récente grosse restauration, celle qui a donné à l'extérieur et surtout à l'intérieur sa physionomie actuelle à l'Eglise de Granges, date de cette époque.

Le devis en fut dressé dès septembre 1862, par M. Grijolot, architecte à St-Dié, lequel exposait « que l'Eglise, pour quelques parties, se trouve dans un état voisin du délabrement; les pierres de la Tour sont disjointes; toute la couverture demande à être refaite à neuf et la charpente à être remaniée en grande partie; le lambris de la nef est en fort mauvais état; les pilliers qui divisent cette nef en une principale et en deux collatéraux sont disposés sans symétrie entre eux, ainsi que les fenêtres; Le chœur est assez bien conservé; il est voûté; son style remonte au XVIe siècle. »

Il prévoyait les dépenses suivantes :

1°	Démolition et fouilles	430
2°	Maçonnerie	8.590
3°	Voûtes et arcs (y compris la peinture)	3.618
4°	Charpente et couverture	5.078
5°	Vitrerie	509
6°	Imprévu	775
	Total	19.000
	A déduire : bois et planches à fournir par la commune	4.000
	Reste	15.000
	Il fut établi un devis supplémentaire de	1.900

Tous ces travaux furent confiés à M. Parisot, entrepreneur à la Chapelle (commune voisine), et portèrent notamment sur:

Consolidation de la Tour par le rejointement au ciment de toutes les pierres de taille;

Construction, pour faire pendant à celle existant déjà de l'autre côté de la tour, d'une tourelle sur le côté droit. A cet endroit existait un appentis dont l'enlèvement fit apparaître, encastrée au-dessus de la porte latérale — des mêmes style et époque que celle du portail — une sculpture représentant Adam et Eve, surmontés d'un Christ. Ce morceau précieux d'art du moyen âge fut, à ce moment, affreusement mutilé : d'Eve, il ne reste plus que la tête, et le bras cueillant la pomme sur l'arbre fatal, et d'Adam il n'existe plus que la partie supérieure du thorax. Cet acte de vandalisme aurait été motivé par la nudité de ces statuettes;

Surélévation de 70 centimètres des murs du vaisseau;

Changement complet de toutes les fenêtres;

Réfection complète des voûtes et de la toiture, avec couverture en tuiles;

Rajustage des pavés;

Remplacement des anciens piliers par des piliers en grès blanc, taillage fin, à base en forme de croix à arêtes chanfrénées, avec socle, fût et chapiteau.

Le décompte se monta à la somme totale de 16.819 fr. 19, dont les 5/6 furent payés par la commune de Granges, et le reste par celle de Barbey-Seroux, propriétaire pour 1/6 de l'Eglise. (Le presbytère et le cimetière sont indivis entre les deux communes dans les mêmes proportions.)

Par décision du ministre de la Justice et des Cultes, en date du 25 août 1866, l'Etat accorda une subvention de 3.000 fr. à Granges pour l'aider à payer cette restauration.

Pour servir d'Eglise provisoire tant que durèrent les travaux de reconstruction, il fut établi un hangar, qui coûta 460 francs.

Accessoires de l'Église et du Culte : Cloches, Horloge, Bancs, Tribune, Presbytère, Cimetière, etc.

Les trois cloches actuelles de l'Eglise datent : la petite et la moyenne de 1804, et la grosse de 1842; celle-ci, nommée Barbe-Thérèse, fondue par Goussel, de Blevaincourt, et les deux autres par Joseph Stouvenot.

Des comptes de la fabrique de l'Eglise, il résulte que : 1° en 1677, fut refondue (1) la petite cloche, coût... 280; 2° En 1686, la grosse cloche fut refondue, en y ajoutant du « *nouveau métal* » pour... 900 fr.

Le fondeur reçut pour ses peines et salaire... 180 fr.

Les autres dépenses à ce sujet : pour travail des charpentiers et autres ouvriers, prix de l'étain et du charbon pour fondre la cloche se montèrent à 514. 3° En octobre 1699 fut fondue une autre cloche coûtant la somme de 2.800 fr. (y compris 2.310 fr., valeur de 1.200 livres de « *médaille* » et 175 fr., salaire du fondeur). La même année il fut fait une « *recepte* » de 1.047 fr. 9 gros, provenant des cotisations faites pour subvenir au « payement des médailles fournies pour la nouvelle cloche faite et fondue au dit lieu. » 4° Le 5 août 1742, la grosse et la petite cloche furent refondues. On y ajouta, pour les deux, 2.000 livres de cuivre rosette et 500 livres d' « estaing » d'Angleterre, coût ... 8.526 fr.

Il fut payé : aux fondeurs (les frères Henriot), en plusieurs paiements, la somme totale de... 1.111 fr.;

Au voiturier de la Poutroye pour voiturage de métal, 150 fr. 8 gr.;

---

(1) A Granges même — sur la place — furent fondues ou refondues les cloches de 1677, de 1686, de 1689 et de 1746.

A George Mengin « pour son voyage d'avoir été au *Tillot* voir auprès du métail »... 9 fr.;

A N. Mangin « pour avoir rebouché le trou où l'on avait fondu les cloches » ... 9 fr. 1 gr.;

A François Baradel et Antoine Lallemand, « pour pain, vin, poissons, sucre, etc. fournis pour le repas de la bénédiction des cloches »... 120 fr. 95 gr.

Le parrain de la grosse cloche fut M. le Baron de Girecourt, qui se fit représenter (moyennant la somme de 233 fr. 4 gros, versée à la fabrique), par M. Riche, son trésorier; la marraine fut Madame de Fléville, représentée par Mademoiselle Romary (sœur du curé).

M. et Madame Joseph Méline (de Gadémont) furent parrain et marraine de la petite cloche, et payèrent 36 fr. pour une chemise à cette cloche.

Une nouvelle grosse cloche, pesant 2.650 livres « faite à Champ », le 29 juin 1756, fut installée à Granges et bénite le 4 juillet suivant. Voici la copie textuelle de son acte de baptême : « L'an mil sept cent cinquante-six, le quatrième juillet, la grosse cloche de cette paroisse a été bénite par le souscrit Jean Ramfaing, prêtre vicaire administrateur de la paroisse, assisté de Jean Nicolas Colnel vicaire en second, et a eu pour parrain le s^r^ Dominique Mougel, marchand à Granges, et pour marraine Anne Fèvre. La cérémonie fut faite après vespres, jour de dimanche, en présence du s^r^ Jacques Laurent, prêtre administrateur de la paroisse de la Chapelle, du Sr J.-F. Demontzey, Conseiller Doyen au Baillage Royal de Bruyères, qui ont signé avec les paroissiens et marraine, qui ont nommé la cloche *Anne.* » (Suivent huit signatures).

Enfin, le 21 février 1773, ont été bénites trois petites cloches. La supérieure, nommée Catherine, eut pour parrain et marraine Jean-Claude Lemarquis (du Faing-Simon), et Catherine Voirin (de Gadémont). La seconde, nommée Barbe-Marie, eut pour parrain et marraine Jean René (de Granges) et Barbe-Marie Michel (du Poutreau). Jean-George Thiéry (du Spoix) et Marguerite Thiriet (des Paires), furent parrain et marraine de la petite Marguerite, laquelle fut refondue en 1775, et bénite le 16 juillet avec les mêmes répondants.

***

L'Horloge communale, installée dans la Tour de l'Eglise. a été construite et posée par M. U. Adam, de Colmar, en 1866; elle a coûté 3.000 fr.

Elle se compose : 1° d'un corps de rouages ou mouvement indiquant les heures et les minutes sur trois cadrans extérieurs; 2° d'un corps de rouage sonnant les heures (avec répétition), sur la grosse cloche du beffroi; 3° d'un autre rouage sonnant les quarts à double coup sur les deux autres cloches. Malgré un bon service de passé quarante ans, cette pièce (sauf l'échappement qui demande un sérieux rhabillage), présente peu de traces d'usure.

Cette horloge en a remplacé une autre qui avait été faite et posée en 1737 (à la place d'une ancienne), par les frères Vaultrin, de Châtel, moyennant le prix de 380 livres. Elle sonnait les heures et les demies, et marquait à l'extérieur, les heures seulement par une touche sur un cadran en pierre. Elle avait été réparée en 1803 (coût : 174 fr. 25) par M. Chouc, horloger à Gérardmer. A en juger par des débris qui gisaient dans un coin du clocher il y a une vingtaine d'années, les roues de cette horloge étaient en fer forgé et taillés à la lime.

***

En 1860 furent installés à l'Eglise de Granges: par M. Parisot, de la Chapelle, les bancs garnissant la nef principale et les deux collatéraux, et moyennant le prix de... 5.100 fr.

Par le même, la Tribune supportant les Orgues, et qui coûta... 2.000 fr.

La CHAIRE, en vieux chêne artistement fouillé, par M. Briquet, de Lamarche, coût... 970 fr.

Les Fonts baptismaux, en grés blanc, aussi finement ciselé, par M. Colin, d'Epinal, pour le prix de ... 500 fr.

La même année, la remise à neuf des orgues, par M. Jeanpierre, de Rambervillers, nécessita une dépense de... 2.700 fr.

Ce jeu d'orgue, qui datait de 1749, avait été fourni par M. Garnier, de Lunéville et payé... 2.400 livres.

A cette occasion, il est intéressant de rappeler que J.-J. Lemasson « des Champs-de-Laxet » (commune de Chamdray), donna, par *aumône*, la somme de 18 fr. 1 gros, à condition « d'être employée pour aider à payer les orgues faites à Granges. »

Le 23 vendémiaire an 5 (15 octobre 1796), par devant les citoyens Dominique Didier, notaire public, et Séb. Balland commis, le premier par l'Administration Centrale, le second par l'Aministration municipale, il fut, après les publications faites dans les différentes communes du canton de Granges, ainsi qu'à Gérardmer, Corcieux et Bruyères, procédé à la vente aux enchères publiques d'un *buffet d'orgue* existant dans l'Eglise de Granges. Le citoyen J. Rattaire (curé de la Paroisse), fut déclaré acquéreur pour la somme de 40 livres, payable en numéraire ou en mandat au cours, entre les mains du citoyen Henry, receveur des Domaines au *bureau de Granges*. La première mise avait été faite à 25 livres par le citoyen J.-B. Guéry, juge de paix du canton de Corcieux. Le nommé J.-N. Pierrat, organiste à Granges avait fait au préalable, d'après l'arrêté municipal du 22 messidor an 4 (10 juillet 1796), l'estimation du dit buffet d'orgue en ces termes : « *Me suis transporté au Temple dédié à l'Etre Suprême, où étant y ai examiné très-strictement le buffet d'orgue qui y existe; Et après avoir reconnu l'état de délabrement dans lequel il se trouve je l'ai estimé valoir la somme de Cent livres valeur fixe attendu qu'il coûterait pour ainsi dire autant de le rétablir que d'en faire un neuf.* »

Les frais de cette vente se montèrent à la somme totale de 6 livres 10 sols, dont le détail est :

Pour papier (2 feuilles à 50)... 1 fr.;
Frais d'affiches... 4 fr. 10 s.;
Pour coup de caisse... 10 s.;
Enregistrement à Granges... 10 s.;

(Cet acte fut approuvé par l'Administration centrale du département, le 24 brumaire an 5 (14 novembre 1796).

***

La Sacristie a été construite en 1890, par les soins de M. le curé Maillière et en grande partie à ses frais.

Prix d'acquisition, à diverses époques, de différents objets et ornements :

En 1736, une *chape* fut payée 112 fr.; un tableau du « *nouveau autel* » St-George, le même prix.

En 1704, une *chasuble blanche* coûta 42 fr.; 33 livres 1/2 de cire, 161 fr.; un *grand crucifix* de l'Eglise, 26 fr. 6 gros (ce n'est pas celui, en bois, qui est scellé contre un pilier; et qui est un souvenir d'une mission de l'année 1870). La façon des images (statues sans doute) de St-Joseph et de St-Curin fut payée 63 fr.

En 1907, il fut payé à Valentin Mougeolle, Me sculpteur, *la somme de* 550 *fr.*, pour façon de l'autel St-Anne.

En 1724, achat de deux *chasubles* pour 217 fr.

En 1736, achat d'étoffes, franges et galons, pour le « *days* » pour 144 fr. 5 gros. (Celui actuel, a été acheté au moyen de souscriptions des fidèles, en 1903.)

En 1748, 35 aunes de « belle toile blanche pour faire des surplis » coutèrent 73 fr. 6 gros.

En 1754, il fut versé à François Pierre, la somme de 175 fr. de traitement annuel « *pour avoir touché l'orgue* ».

Le Presbytère, situé à l'entrée est du Bourg, par la route de Corcieux, et séparée de l'Eglise par un grand et beau jardin verger, clôturé de murs, a été acheté en 1868, par les communes de Granges et de Barbey-Seroux, formant la paroisse, et payé 2.200 francs.

La même année, moyennant 1.300 fr. payés par la commune de Granges à celle de Barbey-Séroux celle-ci abandonna ses droits de propriété, 1/6, sur l'ancien presbytère.

En 1901, l'aménagement intérieur en a été transformé et amélioré, partie aux frais des deux communes, partie à ceux du desservant actuel, M. George, lequel aidé de quelques généreux paroissiens a installé à l'église, en 1902, un calorifère.

Auparavant, le clergé était logé dans un immeuble qui servait en même temps de maison commune et d'Ecole, et qui a été démoli en 1878, pour édifier, sur son emplacement (augmenté du sol d'une vieille maison voisine acquise par la commune en 1875, sur G. Michel pour 4.600 fr.), l'hôtel de ville et l'école des garçons actuels. Le dit immeuble, dont les deux communes étaient déjà locataires, avait été acquis par elles, en 1808 (1). Pour payer sa quote-part dans cet acquêt, la commune de Granges a été autorisée à aliéner (pour 7.000 fr.) 28 pièces de terrains communaux (2).

Le nouveau CIMETIÈRE de la paroisse de Granges a été construit en 1887, par M. Vaubourg, entrepreneur au Val-d'Ajol, d'après les devis et plans de M. Genay, architecte à Epinal. Il a coûté, y compris 7.524 fr. de frais d'achat des terrains où il est assis, la somme totale de 17.376 francs.

Il est situé en dehors de l'agglomération, à l'ouest, en retrait de six mètres de la route de Bruyères. Un rideau de verdure, formé par une double rangée de marronniers, l'isole de cette voie tès fréquentée. Il a une surface de 63 ares 20 c. (80 m. de long sur 79 m. de largeur).

La porte monumentale et la grande Croix en sont remarquables et d'une rare entente de proportions. Parmi les nombreux et très variés monuments et souvenirs funéraires qui le garnissent, retiennent l'attention : l'élégante chapelle sur caveau de la famille D. W. S. et la chapelle de la famille A. S. entièrement en granit des Vosges, disposé, taillé et poli à la perfection. Ce véritable chef d'œuvre est signé Ch. Leroy, de Remiremont (3).

Ce cimetière a remplacé celui qui, de temps immémorial, entourait l'Eglise (4), et dont la translation — pour raison sanitaire — était à l'étude depuis bien longtemps, à en juger par la note suivante de M. le Sous-Préfet de Saint-Dié, en date du 20 avril 1841, à propos d'une autorisation demandée à ce fonctionnaire par le Conseil municipal, à l'effet de procéder à la refonte des trois cloches de l'Eglise : « Renvoyé à M. le Maire de Granges en lui faisant connaître qu'il y a des dépenses plus urgentes à faire dans la commune que celle de la refonte des cloches, entre autres la *construction d'un nouveau*

---

(1) Pour le prix de 3.700 francs sur M. Ch. Dom. Lemarquis, avocat à la Cour, contrôleur principal des Droits réunis de l'arrondissement de Saint-Dié.

(2) Ce dernier immeuble avait fait l'objet de réparations se montant à 1.840 francs en 1812, et à 3.000 francs en 1818.

(3) Les pix des concessions, par chaque place de 3 m. sur 1 m. 20, sont de 85 francs à perpétuité, 35 francs pour les trentenaires et 15 francs pour celles de quinze ans. A la date du 31 décembre 1907, on comptait 98 concessions (de 1 à 4 places) à perpétuité; 88 de trente ans (de 1 ou plusieurs places) et 6 de quinze ans.

(4) Moyennant 250 francs payés par la commune de Granges à celle de Barbey-Seroux, celle-ci a abonné ses droits de propriété (1/6) sur l'ancien cimetière.

cimetière, des maisons d'Ecoles dans les différents hameaux de la commune. Signé : Collard. »

Pour ceux qui ne l'ont pas vue, pour nos petits-enfants, pour l'histoire, nous avons le devoir de reconstituer, par une description rétrospective fidèle, cette nécropole disparue, au sein de laquelle, tant de générations de nos ancêtres avaient confié, pour le repos suprême, leurs dépouilles rendues au néant...

Nous voici donc plus jeune de cinq lustres, en 1882.

La belle place qui donne du relief à l'Eglise n'existe pas encore, non plus que l'artistique plate-forme qui en agrémente et facilite l'accès.

Tout autour de l'édifice s'élèvent à chaque pas de petits tumuli, d'où émergent une frappante variété de tombes, monuments, croix, souvenirs. Il y en a de toutes dimensions, de toutes formes, de tous âges; en pierres du pays, en savonnière, en marbre, en fer.

Nous remarquons d'abord, s'élevant tout près de la tour, à droite, une croix en pierre blanche, de 4 m. de hauteur. Elle a beaucoup souffert des injures du temps, car elle est reliée par des cercles de fer et maints éclats qui s'en étaient détachés sont recollés au ciment. Une inscription tracée sur le socle apprend qu'elle a été érigée en 1804 par Jean Marin, du Haut-du-Pré, en mémoire d'une mission. (En 1898, lors du nivellement de la place, cette croix a été déplacée et réédifiée en arrière de l'Eglise, contre le mur ouest du jardin de la cure).

A côté de ce monument se trouve une pierre horizontale, surmontée d'une autre plus petite, placée debout, grossièrement taillée et sur laquelle on voit un saint-ciboire : c'est la tombe d'un ancien administrateur de la Paroisse, le curé Boileau.

A quelques mètres plus à droite se trouve le modeste monument funéraire du curé Chapotel, dont le nom est resté populaire à Granges. Nous essayerons, dans ce chapitre, d'esquisser quelques traits de la biographie de ce prêtre, détails que nous tenons de la bouche même de personnalités très honorables dont il fut le contemporain.

Remarquons encore le monument élevé par « les habitants de Granges reconnaissants », à la sœur Basilisse, née Gabrielle, qui a exercé à Granges les fonctions d'institutrice de 1838 à 1878;

Celui du nommé Lecomte, ancien maire de Barbey-Seroux, né en 1777, décédé en 1850. Sur cette tombe est une statuette assez bien sculptée et représentant l'ancien fonctionnaire en grande tenue de l'époque;

Celui élevé à la mémoire d'Augustin Bernard, ancien officier, mort en 1844, et ayant fait toutes les campagnes de 1804 à 1815;

Celui de Dominique Villaumé, né à Genazeville, en 1769; servit la patrie de 1791 à 1815, fut élevé au grade de capitaine et décoré. Il est décédé en 1840. Une pompeuse épitaphe retrace les principales phases de la vie de ce dévoué serviteur du pays.

Saluons en passant les tombes sous lesquelles reposent les restes de deux braves : l'un, Emile Pierrat, a été tué à Nompatelize, le 6 octobre 1870; l'autre est le sous-lieutenant Julien Humbert. Blessé dans l'un des premiers combats de cette fatale guerre, il n'attendit pas sa complète guérison pour retourner au feu, où il trouva la mort à Valentigny, le 18 janvier 1871. (La plupart de ces pierres tombales ont été transférées dans le nouveau cimetière.)

L'ancien cimetière était clôturé : à l'ouest par un mur à hauteur d'appui, percé de trois ouvertures, et le séparant de la route qui est en contre-bas d'un mètre et élargie à ses dépens; au sud par un autre mur l'isolant de la maison commune et de ses dépendances; au nord, par les murs de deux maisons particulières et par des palissades en bois; enfin à l'est par le mur du jardin du presbytère. (Une photographie, agrandie et encadrée, due au cliché d'un amateur : M. Ch. Mangin, et qui décore le salon de l'hôtel de ville, donne une vue exacte de l'ancien cimetière et de l'Eglise.) Sur ce côté s'ouvrait sur un mètre de largeur (élargie d'un autre mètre en 1901), un passage dit « ruelle de Seroux » et qui servait notamment aux fidèles de Barbey-Seroux pour se rendre à l'église. C'est à l'entrée de ce passage que se trouve, enclavé dans le mur, le « petit bonhomme de Granges ». Cette sculpture grossière, très ancienne, et fort endommagée, est haute de 40 centimètres; elle représente le corps d'un homme, de la tête aux hanches, les deux bras à demi allongés par devant et dont les mains semblent jointes.

Ce spécimen de l'antiquité est peu connu, même des habitants de la localité. Des milliers de personnes qui l'ont frôlé en passant ne se sont jamais douté de sa présence si près d'elles. Son existence nous a été révélée par un natif de Granges, qui en avait eu connaissance lui-même d'une façon peu banale. C'était en 1871 : ils étaient plusieurs de Granges, prisonniers de guerre en Prusse. Un jour qu'ils parlaient de leur cher village, dont ils étaient si éloignés, un de leurs gardiens, qui parlait français, leur demanda ce qu'il y avait de plus remarquable à Granges. Nos jeunes gens, interloqués, ne savaient que répondre: « Eh bien! leur dit le Prussien, qui évidemment avait habité et espionné les Vosges, ce qu'il y a de plus curieux dans votre localité, c'est le « petit bonhomme » qui se trouve au cimetière, à l'entrée de la ruelle de Seroux ! »

Parmi les anciennes croix commémoratives, en pierre, et champêtres qui subsistent encore à Granges, il faut citer : 1° Celle qui, surmontée d'une petite croix de fer, est située au *Poutreau,* près de la route de Gérardmer, au point où débouche l'ancien chemin de Berchigranges, laquelle a été érigée, ainsi que le dit une inscription « en l'honneur du Dieu des armées, par Ledoux, volontaire de 1791, et qui a fait les campagnes du Nord, d'Italie et d'Egypte; »

2° La grande et belle croix, haute de 4 m. élevée au *Cours-de-Laître,* par Séb. Balland, en mémoire du jubilé de 1826. Elle a été volontairement mutilée dans la nuit du 28 juillet 1907, par deux jeunes gens, étrangers à la localité et qui, pour éviter des poursuites, se sont empressés de la faire remettre en état.

3° Deux autres croix placées au bord de la route de Granges à Aumontzey, l'une près de la jonction du chemin de Frambéménil et érigée en « l'honneur de la mort et passion de Jésus-Christ » et l'autre à 500 pas plus haut et rappelant la mémoire d'une dame Didier, morte à cet endroit, accidentellement le 30 septembre 1781.

4° Celle qui est près de la passée communale des « Paires » « faite par M. J.-E. Daniel, Juge de Paix Corcieux, en mémoire de dame M. Thiriet, son épouse et de J.-G. Daniel, leur fils, décédés les 13 et 30 avril 1812. »

*
* *

Tous les souvenirs de ce genre qui existaient avant furent démolis pendant la Révolution, ainsi que l'attestent les deux quittances ci-dessous :

« Je soussigné J.-N. P. garçon et citoyen de Granges dé-
« clare avoir reçus de Simon Demangeat, procureur de la ditte
« commune, la somme de seize livres dix sous pour avoire dé-
« monté les clous et les crolx des campagnes suivant qu'il est
« porté sur l'enchère fait à ce sujet, donne quittance ce 19 fri-
« maire l'an second de la République (ou 1793 vieux stile) —
« signature. »

Même quittance de la somme de 16 livres 15 sous, pour le même objet, signé le même jour par G. L.

Personnel. - Confréries, Biens et revenus ecclésiastiques. Principaux faits et évènements relatifs au culte.

Quand la colonie gringeaude qui, — au début, était obligée d'aller faire ses dévotions à Champ (Champ-de-Duc), distant de 9 kilomètres, — et qui possédait une Eglise datant du IXe siècle — fut suffisamment populeuse, elle érigea une chapelle, qui était sous la dépendance directe du curé de Champ (1).

---

(1) Les autres annexes de la Cure de Champ étaient : Belmont, la Chapelle, Saint-Jacques, Champdray, Jussarupt et Saint-Jean-du-Marché.

Le sanctuaire initial, le noyau de cette collectivité d'intérêts religieux et moraux, était situé à l'extrémité nord du Bas-de-Granges, lieu dit « la Chapelle », non loin du cimetière actuel.

Cette nouvelle circonscription cultuelle « la Paroisse Saint-Georges de Granges », dès le *XII*[e] siècle, s'étendait et s'étend encore sur tout le *ban de Granges* et sur la communauté de « Seroux », actuellement communes de Granges et de Barbey-Seroux, sur une surface totale de 3.696 hectares : défalcation faite d'une superficie de 457 hectares, qui fut distraite en 1795, lors de la construction de l'Eglise voisine de Liézey, et comme appoint pour la formation de la paroisse de ce nom.

Avant 1693, les prêtres qui desservaient Granges et Champdray, présidaient d'habitude à Champ. Toutefois, ils habitaient parfois Granges même, tels « messires » Febvre en 1625, François en 1629. C'étaient tous des chapelains ou vicaires, délégués dépendant directement de la cure de Champ.

Quand il n'y avait pas de vicaire résidant à Granges — c'était le cas le plus fréquent — les actes : baptêmes, mortuaires, etc., étaient écrits par le « régent d'Ecole ».

Dès 1670, en suite d'une pétition des habitants, Champdray fut érigé en cure, et détaché de celle de Champ.

Ce fut seulement à partir de 1693 que la paroisse Saint-George eut un prêtre à demeure, *desservant* ou *succursalier*, jusqu'à cette date les services publics religieux, ainsi que les services particuliers courants et ceux des *fondations* étaient faits par un prêtre délégué par le curé de *Champ*.

En 1661, il fut payé à ce dernier, par la fabrique de l'Eglise Saint-George, la somme de 112 fr., prix de 57 messes (les dimanches et fêtes, sans doute).

En 1663, il fut payé au même, pour 38 messes, 58 francs, et en 1665, pour le même objet (y compris 7 francs de *droit de haute offrande*, le jour de la St-George, et 1 fr. 6 gros, pour les *onctions*), la somme de 53 fr. 6 gros. A partir de mars 1796, la paroisse de Granges ne *fut plus* sous la dépendance de la cure de Champ.

Listes des Curés administrateurs de la Paroisse de Granges, avec, pour chacun, la date d'entrée en fonction et celle où ils ont cessé d'exercer :

1° Martel, du 12 août 1693 au 26 octobre 1696;

2° Claude de Cuvillier, de novembre 1696 en octobre 1718;

3° Nicolas Romary, de novembre 1718 au 10 janvier 1749;

4° Nicolas Balland, du 19 janvier 1749 à 1754;

5° Ranfaing, du 12 septembre 1754 à 1777;

6° Claude-Amé Creusat, de 1777 à 1795;

7° Joseph Rattaire, du 9 mai 1795 en septembre 1802;

8° François Xavier Rattaire, de septembre 1802 en avril 1803;

9° J. Ant. Masson, de janvier 1803 en avril 1807;

10° G. Ant. Lebègue, du 30 juin 1807 en 1813;

11° J. N. Jh. Boileau, du 1r janvier 1813 à 1828;

12° Mathias Chapotel, de 1828 au 29 septembre 1862;

13° Augustin Maillière, de fin septembre 1862 au 28 juin 1900;

14° J.-Bte George, du 9 août 1900...

Le curé Chapotel, qui a exercé son ministère à Granges durant près de 35 années, était né à Charmes, en 1797; il est décédé à Granges le 29 septembre 1862. C'était un caractère. Ils sont rares, même dans nos Vosges, ceux à qui ne doit pas s'appliquer ce vers de Baudelaire :

Votre nom qui s'éteint sur le flot populaire.

Ce prêtre a laissé la réputation d'un homme très vif, violent même, mais très sociable, juste et bon. Une foule d'anecdotes, dont il fut le héros, servent encore à alimenter les conversations des soirées d'hiver. Nous n'avons pu résister à la tentation d'en relater quelques-unes, absolument authentiques.

M. le Curé Chapotel avait, paraît-il, pour le petit vin blanc d'Alsace, ce champagne du petit bourgeois, une préférence assez marquée, mais qui, cependant n'allait pas jusqu'à l'abus. Du reste, sa forte corpulence et sa robuste santé pouvaient lui permettre d'en consommer plus d'une bouteille au cours d'un seul repas, sans que son cerveau en fût le moins du monde échauffé. Ce fait était donc légitime et parfaitement inoffensif. Néanmoins, de méchantes langues — elles sont hélas ! de tous les temps, de tous les lieux, et qui peut se flatter de ne jamais passer sous ces fourches caudines? — de méchantes langues, disons-nous, allèrent un jour à l'évêché où elles racontèrent, en l'exagérant cela va sans dire, le léger défaut, si défaut il y avait, de leur pasteur. Le résultat de cette délation fut que, à la première entrevue qui survint entre M. le curé et monseigneur, celui-ci morigéna paternellement mais fermement son subordonné et lui enjoignit expressément de ne plus boire à chaque repas *qu'un seul verre* de son vin favori.

M. Chapotel, en disciple soumis et respectueux, promit d'observer scrupuleusement l'ordre de son supérieur, tout en étant bien décidé de ne pas faire à sa provision de vin blanc l'affront de la laisser moisir dans ses futailles.

A cette fin, il imagina un moyen aussi ingénieux que simple et pratique. Il fit tout bonnement à la verrerie de Portieux, emplette, sur commande par exemple, d'un verre d'une contenance de deux grandes chopines, soit d'environ 1 litre. De cette façon, et suivant en cela l'ordonnance de Monseigneur, il se contentait facilement, à son repas, de boire son unique mais pantagruélique verre de vin !...

On affirme que le verre — le vrai — du curé de Chapotel est en la possession d'une famille de Granges. En tout cas, ici, lorsqu'on parle de quelqu'un ayant la réputation de boire un peu plus que de raison, on ne manque pas de dire : « Il a sans doute hérité du verre du curé Chapotel. »

Quand il croyait avoir raison, M. Chapotel supportait difficilement la contradiction : C'était lors de l'élection populaire à la *Présidence de la République* en 1848. On sait que deux candidats surtout briguaient le poste : Louis-Napoléon Bonaparte et le général Cavaignac.

Or, dans une réunion de prêtres, quelques jours avant le scrutin, le curé de Granges soutenait énergiquement le général républicain, tandis que son confrère voisin de la Chapelle préférait, avec autant de ténacité Louis-Napoléon. La discussion fut si chaude qu'elle dégénéra en véritable lutte, de laquelle le curé de la Chapelle, sorti tout meurtri, fut obligé de garder la chambre pendant dix jours et ne put donner sa voix au futur empereur.

La fougue du curé Chapotel était telle qu'elle éclatait parfois même dans des circonstances où il semble que la patience soit de toute rigueur. C'est ainsi qu'un dimanche, à la messe, en présence des fidèles, notre pasteur ne pouvant parvenir à faire fonctionner la serrure du tabernacle pour sortir le saint Ciboire, s'écria furieux : « Quel grand diable y a-t-il donc là-dedans ?... »

Pourtant dans ses saillies au gros sel, M. Chapotel n'avait pas toujours le dernier mot : Un jour de grande *charrette*, au dessert, — étaient de la partie tous les curés et les jeunes clercs des environs — chacun narrait une aventure comique, une anecdote gaie. C'était au tour du doyen de Granges: « Figurez-vous, dit-il, que l'autre jour, à l'offrande, mes paroissiens se montrèrent récalcitrants à tel point que pas un denier ne tomba dans le plateau présenté à chacun d'eux. Vous pouvez penser si cela me mettait de bonne humeur. Aussi, n'y tenant plus, au passage du dernier, je ne pus me retenir de dire tout haut : « Je n'ai jamais tant vu de *c...ompagnons* de Saint-Antoine défiler à la queue leu-leu! »

— Permettez, interrompit le plus jeune des convives, le vicaire de Granges, vous n'achevez pas votre histoire...

— Vous oubliez de dire, M. le Curé, que quelques minutes après, vous tournant en face de vos ouailles, vous avez prononcé ces mots : « Ora fratres » (prions *mes frères!!*)

Le curé Romary, après avoir fonctionné à Granges durant 30 ans et 5 mois, eut pour successeur M. Balland, « qui fut reçu le 19 janvier 1749, avec toutes sortes d'injures de la part d'une partie des paroissiens qui demandaient l'abbé Demange, adjoint dudit Romary depuis plusieurs années ». En juillet 1754, M. Balland eut, au concours, la cure de Champdray, et le 27 du même mois, Jean Ranfaing, de Bruyères, après avoir été 16 ans vicaire à Docelles, fut nommé vicaire en chef à Granges. « Il y entra, dit-il, dans une note de sa main consignée sur un ancien registre de baptème, le 12 septembre même année, où il fut reçu avec satisfaction des paroissiens, dont une partie furent au-devant de luy jusqu'à *Meniménil,* avec artillerie, et reçu au village au son des cloches et par une décharge de pétards et de fusils. »

« Il trouva pour meubles : à la cuisine, une crédence de sapin, *sans aucun meuble dessus,* un vieux chenêt, un *crémail,* deux vieilles chaises, une poële à feu et une tenaille. A la chambre, sur la cuisine, un vicil bois de lit auquel on a joint avec quelques broches des colonnes telles qu'on les voit encore avec une vieille paillasse, et enfin une vieille table à quatre pieds, le tout rustiquement travaillé, et que ledit Ranfaing certifie véritable. »

Creusat (Claude-Amé), né à Raon-aux-Bois, curé de Granges de 1777 à 1795, retourna dans sa commune d'origine, où il décéda en 1821.

Rattaire (Joseph), né à Padoux en 1762, religieux prémontré, devint prêtre assermenté, fut par Maudru (évêque constitutionnel) installé vicaire à Vomécourt, puis à Padoux, d'où il vint administrer la paroisse de Granges.

Rattaire (François-Xavier), né à Epinal en 1770. Religieux prémontré, défroqué, est professeur au collège de sa ville natale, ordonné prêtre par Maudru; il fut vicaire à Dommartin, à Provenchères, à Granges; administra durant deux mois la paroisse de Gérardmer, puis celle de Granges. Meurt à Saint-Léonard en 1814.

Masson (Jean-Antoine), né à Fraize, en 1751. Assermenté en 1791, se rétracte en 1792. Part la même année en exil comme émigré. Il rentre sous le Consulat, qui lui sert une pension de 267 francs. En janvier 1803, est nommé à Granges, sans traitement de l'Etat. Quitta Granges en 1807, ayant des démêlés avec la municipalité, relativement à son traitement. Décédé à Colroy-la-Grande en 1818.

Boileau, prédécesseur immédiat de M. Chapotel, fut un missionnaire distingué. Refusa le serment pendant la Révolution durant cette période. Il était né à Ramonchamp, en 1753. Décédé, retraité, en 1829.

Maillière (Augustin), né en 1825, à Valfroicourt; chanoine honoraire. Décédé à Granges en 1900.

Les prêtres (curés, succursaliers ou vicaires en chef) administrant la paroisse de Granges eurent presque constamment un adjoint ou simple vicaire. Toutefois, en 1809, le curé Lebègue voulut assumer seul cette charge. Il s'autorisa même de cette situation pour solliciter en termes exquis (1) et obtenir de l'autorité municipale l'allocation, à son profit, à titre de supplément de traitement, de la somme de 200 francs que la commune versait annuellement pour sa quote-part dans le salaire du vicaire.

Ce ne fut qu'à partir de 1850 (Décret du 19 avril) qu'eut lieu l'institution légale du vicariat de Granges.

A diverses époques surgirent des difficultés entre les autorités ecclésiastiques et la Municipalité. C'est le revers de la médaille. Voici les deux plus intéressantes :

1° Les communes de Granges et de Barbey-Seroux étaient débitrices envers le succursalier et le vicaire d'un arriéré de traitement du 1er vendémiaire XII (23 septembre 1804) jusqu'au 1er janvier 1807, se montant à la somme de 973 livres 75 c. Après plusieurs mises en demeure de l'Autorité supérieure, le Conseil municipal de la commune de Granges, dans sa séance du 17 mars 1807, a pris à ce sujet une délibération où on lit : « Le Conseil a toujours cru et pensé que le casuel était dans le cas de subvenir à leurs besoins, puisque leurs devanciers ne tiraient pas moitié de casuel que ceux de ce jour, puisqu'on ne les payait qu'au franc Barrois de Lorraine, qui ne faisait que 8 sols six deniers le franc.

Et ceux de ce jour se font payer au franc de France, ce qui a donné une grande rumeur parmi les habitants. Et leurs devanciers ne demandaient d'autre rétribution que la *cazuelle.*

« Le Conseil a aussi à considérer que les desservants d'aujourd'hui ne sont qu'à moitié surchargés de travail que leurs devanciers, puisqu'ils rédigeaient les actes civils, faisaient toutes les annonces des lois du Gouvernement, les arrêtés de MM. les Préfets et ceux des Maires; ils se trouvaient encore obligés de desservir Liézey (avant 1795). Ceux de ce jour sont exempts de ces différents objets.

« Considéré aussi que si l'on nous veut surcharger de ces traitements, que l'on nous retire le vicaire ou qu'il soit à la charge du desservant puisqu'il en tire le bénéfice... Observant aussi que plusieurs autres pasteurs viendraient desservir la paroisse pour le casuel seulement, qui peut valoir 3.300 francs, qui doivent être dans le cas de subvenir à l'entretien et besoin du desservant et de son vicaire... On peut bien conclure

---

(1) « La manière distinguée — disait M. Lebègue — avec laquelle « vous m'avez reçu parmi vous; l'accueil, l'estime et l'affection dont « j'ose croire que m'honorent tous mes paroissiens me font espérer que « vous profiterez sans répugnance de la faculté que vous avez d'amé- « liorer mon sort.

« C'est la correspondance d'affection sincère et de dévouement entre « les ouailles et le pasteur qui assure leur bonheur et fait leur conso- « lation mutuelle, et j'ose croire que vous ne me trouverez jamais avoir « manqué aux sentiments que je vous dois, comme vos bons procédés « m'attacheront toujours de plus en plus à vous... »

qu'après avoir ouvert un registre volontaire que tous les habitants trouvent erreur à payer puisqu'il ne s'est présenté pendant quinze jours après deux annonces faites au prône *qu'un* habitant qui a offert 3 francs, tant pour *l'arriérage* que pour la présente année. Et les habitants ne cesseront, Messieurs, d'adresser leur vœu au Seigneur pour la conservation de votre santé et celle de vos familles. Et implorent votre bienveillance envers de pauvres malheureux habitants qui gémissent sous le poids de pareils traitements, et sera bien. Délibéré par les Membres présents et ont signé. » (A remarquer que le document ne porte que trois signatures : J.-B. Michel, Marc Babel, J. Villemin.)

2° Pour que le vicaire eût droit au traitement de 600 fr., les deux communes intéressées, Granges et Barbey-Seroux, à défaut de ressources suffisantes du côté de la Fabrique, s'étaient engagées à fournir une quote-part de 250 francs dans cette dépense.

En réalité, du temps de M. Chapotel, cet appoint était à la charge du curé.

Lors de l'installation, au commencement de 1863, du curé Maillière, il fut convenu que le nouveau desservant ne participerait pas au traitement du vicaire, à la condition que la première messe, les dimanches et jours de fêtes, serait, comme la grand'messe, une messe de paroisse. Mais M. Maillière ayant, par la suite, mis cette première messe au compte de particuliers, le conseil municipal se refusa au paiement du traitement du vicaire pour le dernier semestre de 1866, et le Préfet, après plusieurs tentatives infructueuses pour apaiser ce conflit, et malgré la démission du maire, M. Gaudin, qui exerçait ces fonctions depuis 24 ans, et celle de la grande majorité du Conseil (décision du 27 janvier 1867, confirmée par celle du 21 février suivant), le Préfet dut prendre un arrêté invitant le receveur municipal à payer à l'abbé Royer, vicaire, la somme de 125 francs pour son traitement des 6 derniers mois de l'année 1866.

Par la même délibération du 21 février, le conseil protestait contre la proposition émise par le Sous-Préfet de louer les bancs de l'Eglise au profit de la Fabrique, pour arriver par ce moyen à parfaire le traitement en question.

***

Des nombreuses *confréries*, autant d'unités groupant les hommes ou les femmes, parfois les deux sexes, et organisées pour la diffusion et la défense de la foi, et qui ont fait, durant les siècles derniers, la cohésion de l'élément religieux, il ne reste plus, en fait de confréries constituées, que celle des « Trépassés » et celle du « Saint-Rosaire ». Les autres ont été, ou complètement abandonnées, ou changées, pour quelques-unes, en simples offrandes.

En 1754, il existait, dans la paroisse de Granges, *vingt trois* confréries, savoir :

1° La confrérie du glorieux Saint-George, patron de la paroisse;
2° La confrérie de Sainte-Barbe, patronne de la paroisse,
3° La confrérie de Saint-Quirin;
4° La confrérie du Saint-Sacrement de l'Autel;
5° La confrérie de Saint-Jean-Baptiste;
6° La confrérie de Saint-Thiébaut;
7° La confrérie de Sainte-Marguerite;
8° La confrérie du Saint-Scapulaire;
9° La confrérie de Sainte-Anne;
10° La confrérie de l'Assomption de la Sainte-Vierge;
11° La confrérie de Saint-Bernard;
12° La confrérie de la Nativité de la Sainte-Vierge;
13° La confrérie de Sainte-Reine;
14° La confrérie du Saint-Rosaire;
15° La confrérie de l'Immaculée Conception;
16° La confrérie des Trois Saints Rois;
17° La confrérie de Saint-Sébastien;
18° La confrérie de Saint-Antoine;
19° La confrérie de Saint-Blaise;
20° La confrérie de Sainte-Agathe;
21° La confrérie de Saint-Joseph;
22° La confrérie de l'Annonciation de la Sainte-Vierge;
23° La confrérie des fidèles trépassés.

Il y avait, de plus, six offrandes annuelles, en l'honneur de : 1° Saint-Marcol; 2° Saint-Pierre; 3° Saint-Guérin; 4° Saint-Hubert; 5° Saint-Nicolas; 6° Saint-Antoine.

La plus fameuse de ces confréries est celle de Sainte-Barbe; elle date effectivement du XVIIe siècle et fut érigée canoniquement par Bulle, du pape Innocent X, datée du 2 mai 1654, laquelle Bulle accorde indulgence plénière à tous les confrères de l'un et l'autre sexe qui, s'étant confessés et contrits, auront dignement communié.

La 6e Constitution de cette confrérie, approuvée par Jean Midot, vicaire général de Toul, porte « que le sieur curé de la paroisse, avec les six conseillers et le receveur, auront soin de bonne heure de trouver des religieux ou prestres séculiers pour entendre les confessions, lesquels confesseurs seront entretenus et salariés aux dépens de la confrérie au jour de la Sainte-Barbe ».

Cette confrérie ayant été frappée d'interdit par « Chaumont, évêque de Saint-Diez », son successeur, M. Maudru, qui a signé avec la qualité d' « évêque des Vosges », la rétablit, avec les indulgences et privilèges qui lui étaient accordés, le 19 mars 1796, sur la requête de dix paroissiens de Granges, apostillée par M. Didier, curé de Jussarupt, « vicaire épiscopal », disant qu'il importe d'éviter et de prévenir les abus qui ont commandé cet interdit et afin de ne pas offusquer le Gouvernement qui ne souffrirait pas des rassemblements trop considérables de citoyens et citoyennes de diverses paroisses. »

Les missionnaires de l'Evêque de Toul, à la suite d'une mission faite par eux « avec beaucoup de zèle et de fatigue », en décembre 1751, janvier et février 1752, établirent à Granges la Confrérie de l'Adoration perpétuelle du Saint-Sacrement, et la Congrégation des filles. L'Evêque les approuva et donna des indulgences, à ce sujet, le 26 juin 1752.

La plupart de ces confréries tenaient un compte particulier. De 1757 à 1775 ,M. Georges Didier, notaire royal, fut le receveur de celle de l'Adoration du Saint-Sacrement, de laquelle, durant toute cette période, il tint, en recettes et en dépenses, un compte annuel clair et exact.

Toutes ces confréries s'adjugeaient à la grand'messe au plus offrant et dernier enchérisseur, lequel avait le droit d'emporter chez lui et de garder toute l'année, la statue ou l'immage du Saint ou de la Sainte qui lui était échu.

Dans le courant du 17e siècle, à propos des comptes des confréries ,les saints et saintes sont pré-qualifiés de Monsieur ou Madame : « *Madame* Ste Barbe, *Monsieur* St-George ».

D'un inventaire dressé en 1643, état détaillé « à l'effet de sçavoir et faire dresser inventaire des *carrons* et estas des actes des constitutions, titres, comptes, documents et papiers passés au profit de l'Eglise St-George, pour recognoistre s'il est arrivé déffauts notoires pendant le temps des troubles qui ont régné », il résulte qu'il y avait à cette époque 122 titres divers.

Le plus ancien « effacé et pourri tellement qu'on ne sçaurait le lire », dit cet inventaire, datait de 1450.

1° En constitutions de Rentes et Cens (exemple : 4 francs contre Jean Lecomte de Stroux, par titre de 22e septembre 1624, au rachat de quatre-vingt francs assignés sur une pièce de prey dit à Framoy ». (Acte du notaire D. Varin.)

2° En acquet de pièces de terre : « Acquet pour la dite Eglise d'un champ séant au Champ-du-Pré, contre Didier Colin, de Granges, du 24e apvril 1504. »

3° En actes de louage d'héritages ou biens appartenant à l'Eglise.

4° En donations par lettres ou testament, de pièces de terre, ou de sommes d'argent, mais à charge de messes ou services religieux : « Sachant tous que par devant le tabellion général au Duché de Lorraine, résidant à Granges, furent présents en personne honorables Jean Didier, marchand et Nicolas George paroissiens dudit Granges, lesquels considérant en eux la briéveté de cette vie temporelle, reconnaissant aussi qu'il n'y a rien de plus juste et raisonnable que de rendre à Dieu les biens et facultés qu'il a plüe à sa divine Majesté leur répartir en ce monde, et qu'ils ne le peuvent mieux faire qu'en les remettant ez mains de ceux qui se soumettent à son service, pour être employé, voué et dédié à son honneur, auraient dès longtemps déjà conçu une sincère intention et dévotion envers le très-Auguste Sacrement de Lautel, et encore certaines causes et considérations particulières venant de leur propre mouvement, sans aucune force, induction ou contrainte; Ont volontairement reconnu et confessé avoir donné et donnent par ces présentes irrévocablement et pour toujours par donation entre vifs en la meilleure forme et manière que faire se peut et que donation peut valloir et avoir lieu sans espérance de ne la pouvoir ny vouloir jamais révoquer ny annuller en quelque sorte et manière que ce soit, au profit de la fabrique de l'Eglise St-George de Granges, stipulant et acceptant pour et au nom de la dite fabrique Joseph Méline, de Seroux, chastollier moderne (1) de la dite Eglise, la somme de 800 francs lorraine, que le dit chastollier et ses successeurs en charge seront tenus et obligés d'employer en achapt d'héritage propres et convenables, ou les mettre en constitution sur des particuliers bons et exigibles, pour demeurer en propre à perpétuité à la dite fabrique ,et les revenus ou rentes diceux estres employés à faire dire, chanter et célébrer à perpétuité par chacun 1er jeudi de chaque mois une messe haute du très-Auguste Sacrement de Lautel, par le sieur curé ou vicaire demeurant à la cure dudit Granges, et à la fin de chaque messe donner la bénédiction. » (Passé par devant M. Georgel, tabellion, le 21 février 1706). — « Le tout consenti en présence et assistance de Me Jean-Claude Sommier, prêtre docteur en théologie, protonotaire apostolique, prédicateur de Son Altesse royale, curé de Champ et annexes. »

Pour être exempts de tous droits et charges subséquents — être affranchis — les Biens d'Eglise « dédiés à Dieu » après inscriptions sur un rôle de droits d'amortissement, faisaient l'objet de lettres *patentes* ou *d'amortissement,* signées du Souverain. Ces droits, une fois payés, se montaient depuis 5 jusqu'à 20 pour cent de l'estimation de l'immeuble.

Aux revenus ou produits de ces divers biens s'ajoutaient les recettes (receptes) des Confréries, offrands *aulmosnes,* cœulliettes (2).

D'un compte que rend Marquet Michiel, commis de la fabrique pour les Trépassés de l'Eglise St-George, pour l'année 1620,

---

(1) Les Chastolliers étaient les gérants officiels des biens de l'Eglise, ordonnateurs et caissiers des dépenses; receveur des *revenus, rentes, cens,* produits des *Confréries,* des *quêtes, offrandes* et aumônes, du louage des héritages, etc. Ils rendaient leurs comptes aux environs de la Saint-Georges (23 avril). Les mêmes fonctionnaient rarement plusieurs années consécutives.

(2) Cœullette, mot qui est devenu tout naturellement « Quête » et dont l'étimologie latine : *quaesitum* supin (substantif verbal de *quaere chercher*) qui figure sur tous les dictionnaires est à changer radicalement, ce nous semble. Combien de mots sont, dans ce cas, de paternité douteuse! Avis à ces Messieurs de l'Académie.

il résulte que la dite Fabrique louait à divers paroissiens 54 pièces de terre, aux taux annuels de 6 gros à 2 francs par pièce.

Les comptes authentiques de l'année 1650 accusent en recettes : Produit des Rentes et cens des « constitutions ordinaires deheüs (dues) à l'Eglise... 276 fr. 4 gros;

Produit du louage des héritages appartenant à M. St Georges ... 87 f. 1;

« des Confréries... 265 f. 17;

« des offrandes, « aulmosnes, cueilliettes » ... 47 f. 1.

En 1754 ,le produit total des adjudications des Confréries et des offrandes s'élève à 760 f. (confréries), plus 172 fr (offrandes 932 fr); les recettes pour cierges, à raison de 1 f. 2 gros pour chaque confrère décédé dans l'année se montent à... 14 f.;

Les rentes de 12 contrats de constitutions pour fondation de messes et services perpétuels (au principal totalisé de 8.900 fr.) font... 445 f. 10 gr.;

Les offrandes trouvées dans les troncs, le produit des œufs, coqs et poules offerts et vendus, font un total de 36 f.

— Il appert des comptes (de Fabrique et d'Eglise) de l'année 1788-1789, que :

1° Le Casuel se montait à ...88 liv. 8 sols;

2° Le produit des rentes foncières se montait à 219 l. 5 s. d.;

3° La location d'un champ avait produit 13 l. 18 s.;

4° Les Confréries et offrandes avaient rapporté 692 liv.

D'un état dressé et signé par les citoyens J. Hubert (maire) et J. Demangeat (agent national), le 26 germinal an 2 (15 avril 1794), il résulte que la fabrique de l'Eglise jouissait ,en locations d'immeubles ou créances des revenus suivants :

8 liv. 2 s. 3 d. (correspondant à un capital de 162 l. 6 s. dus par hub. Colnel;

6 liv. 12 s. 9 d. (correspondant à un capital de 132, 14, 5 d. dus par hub. du Jay);

13 liv. 5 s. 6 d. (correspondant à un capital de 265, 8, 6 dus par hub. du Jay);

7 liv. 9 s. 3 d. (correspondant à un capital de 149, 5, 3, dus par f. Ledoux, du Poutreau;

9 liv. 19 s. 1 d. (correspondant à un capital de 193, 1, 7, dus par N. Mélinc, de Seroux);

13 liv. 18 s. 2 d. (correspondant à un capital de 398, 3, 1, dus par D. Didier, des Paires).

3 liv. 6 s. 5 d. — 1 liv. 13 s. 3 d. — 9 liv. 11 s. 10 d. — 16 liv. 11 s. 10 d. — 11 liv. 12 s. 3 d. — 11 liv. 12 s. 3 d. — 8 liv. 5 s. 11 d. — 13 liv. 5 s. 6 d. — plus de 100 livres versées par la confrérie Sainte-Barbe.

Jusqu'en 1757, les comptes se faisaient en *francs, gros* et *deniers* (ou blancs) *barrois*. Le franc valait 12 gros et le gros 12 deniers. A cette époque, un franc barrois valait 8 sous (ou sols), et 7 deniers, *monnaie de Lorraine*. A partir de 1758, on compta en *livres, sols* et *deniers*. Une livre, *monnaie de France*, valait 1 livre 5 sols 9 deniers de Lorraine. Le petit écu de France valait 3 liv. 17 s. 6 gr. de Lorraine.

Pour l'exercice de 1848, les comptes des mêmes établissements accusent une recette totale de 800 f. 55 c (y compris une recette : produit des Confréries, moins celles de *Ste-Barbe* et des *Trépassés*, de 166 f.).

Les dépenses s'élèvent à la somme totale de 565 f...

La même année, les Confréries de Sainte Barbe et des Trépassés, qui avaient leurs comptes particuliers, donnent : la première en recettes, 416 f. (dont 294 f. 35 de reliquat de l'exercice précédent) et en dépenses 412 f. 70 (y compris un reliquat de 274 f. 60), et en dépenses 269 fr.

Pour l'exercice de 1902, les comptes de la fabrique de l'Eglise de Granges accusaient, en recettes 2.121 f. 229 c., et en dépenses 1.451 f. 10 c.

Parmi les dépenses, il y a : produit des biens, 12 f. 20 c.; produit des rentes, 480 f.; produit de la location des bancs et chaises, 438 f.; part dans les droits perçus sur services religieux, 623 f. 50 c.; produit des confréries, 256 f.

Aux dépenses figurent : traitement de l'organiste, 220 f.; traitement du vicaire, 350 f.; charges des fondations, 377 f. 50.

Il y avait quelques autres biens, droits et revenus, exclusivement au profit des membres du clergé. A ce sujet ,nous copions un « Mémoire » laissé par le desservant N. Balland :

« 1° Jay trouvé un manuscrit du Sr N. Romary, mon prédé-« cesseur, qui est ainsi exprimé : Le Sr Lavaux a donné aux Vi-« caires de Granges un petit prey dit à Selonge-Prey, pour qu'on « prie Dieu pour le repos de son âme. Il contient environ un bon « monceau de foin, en datte du 21 juillet 1709.

« 2° Il a été légué par Marg. Genay aux vicaires de Granges, « par testamment en datte du 15 avril 1707, l'usufruit d'un prey, « contenant environ une petite charrée de foin, à charge de dire « une messe haute tous les ans à perpétuité.

« 3° Il a été légué par George Marchal et Jeanne Hoüel, sa « femme, aux sieurs Vicaires par testamment en 1722, l'usu-« fruit d'un prey dit « *dessus-la-morte* », contenant environ « une bonne charrée de foin, à charge aux dits Vicaires de dire « 4 messes hautes à perpétuité.

« En l'année 1749, on a répété l'amortissement dessus-dits « preys; celui de George Marchal a été payé par les héritiers, et « pour les mettre d'accord ensemble, je leur ay donné deux louis « et leur ay dit neuf meses.

« Je perçois, comme mes prédécesseurs, l'usufruit d'un « monceau de foin dit prey des *Angelus*. Je n'ay point d'autre « titre de ce prey que la possession fort ancienne de son usu-« fruit.

« J'ai appris, dès mon entrée, des plus considérables de la « paroisse, que les paroissiens avaient toujours fait toutes les « réparations de la maison vicariable; que le vicaire avait tou- « jours perçu le foin du Cimetière, et les *grosses dixmes* du vil- « lages de Granges *pour sa pension du tiers du curé de champ.*

« 7° J'ay trouvé un arrêt de la Cour souveraine de Lorraine, « du 10 7re 1733, par lequel il est ordonné que la fontaine qui est « située devant la maison presbytériale sera entretenue et réta- « blie par les paroissiens, soit locataires ou propriétaires. » (Cette fontaine avait été vendue à *la communauté et paroisse de Granges*, par N. Marchal, moyennant la somme de 28 fr. lorrains, en 8re 1706.)

Avant le XIXe siècle, il était d'usage, pour les paroissiens qui ne pouvaient faire leurs dons en argent — le jour de la Saint George — de faire leurs offrandes « en œufs, fromages, poules, et autres choses. »

Biens ecclésiastiques (mobilier et immobiliers)

Le 4 messidor an 2 (22 juin 1794), en exécution d'un arrêté en date du 26 prairial (14 du même mois) du Directoire du District de Bruyères (1), les citoyens N. Rivat, juge au tribunal du district, et Dominique Didier ,notaire public à Granges, administrateur au même district, procédèrent à l'Inventaire et au transfert des objets et effets devenus nationaux par la loi du 13 brumaire an 2, et dressèrent en ces termes procès-verbal de leurs opérations : « Nous nous sommes transportés au greffe munici- « pal de la commune de Granges sur les cinq heures du matin. « Nous avons invité les citoyens membres composant le conseil « général de la dite commune à nous désigner deux de leurs « membres pour nous assister. Ils ont répondu qu'ils étaient tous « prêts à nous accompagner. En conséquence, nous nous som- « mes transportés avec eux dans l'Eglise du dit Granges et avons « procédé à l'inventaire sommaire de tous les effets existant et « dépendant de ladite Eglise et de la fabrique d'ycelle, le tout « ainsi qu'il s'en suit : Linges et ornements : 10 nappes d'Au-

(1) Cet arrêté dit : « Vu la loi du 13 brumaire dernier portant que put l'actif affecté à quel titre que ce soit aux Fabriques des Eglises, Cathédrales, succursales, ainsi que l'actif des fondations, fait partie des propriétés nationales.

« Considérant que le défaut, par la majorité des Municipalités de l'arrondissement, d'avoir produit les comptes de leurs fabriques, confréries, congrégations, etc., ainsi que les inventaires de leur actif, tant en mobilier qu'en immobilier, il n'a pu jusqu'à ce jour satisfaire au prescrit de la loi; considérant que la vente de l'immense quantité d'effets plus ou moins précieux qu'offrent les disponibles des Eglises doit résulter un accroissement pour la République, et qu'il est instant de la faire jouir des richesses que lui procure le triomphe de la raison sur le fanatisme. »

« telles; 17 grands corporaux; 2 des petits; 5 couvre-palle; 68
« purificatoires; 11 Aubes; 17 omies; 14 cordons; 3 vieilles ser-
« viettes; 3 nappes de communion; 21 sourpelits tant grands
« que petits; 12 lavabos; 2 chemises de bâtons de confrérie; un
« pavillon de tabernacle en indienne, un tapis de laine rouge;
« 2 autres tapis, un essuie-mains; deux petits rideaux de con-
« fessionnaux; un *falbanal* de toile avec franges, deux dais rou-
« ges, l'un en damas et l'autre en velours, avec doublure, et ga-
« lons jaunes et blancs et 4 bouquets en *filozelle,* encore une
« nappe d'Autelle et une aube avec une large dentelle au bas; 24
« chasubles avec de différentes couleurs, avec leurs étoles, mani-
« pules et assortiment de calices; 4 écharpes de différentes cou-
« leurs; 4 tuniques ou dalmatiques avec leurs étoles et mani-
« pules; 2 écharpes, une blanche et une rouge avec un petit voile
« blanc; neuf bannières de différentes couleurs; 2 vieux tapis
« d'Autelle; un drap des morts; 5 petites soutanes rouges, 2
« grandes noires, 3 bonnets carrés noirs; 2 petits voiles pour
« mettre devant le tabernacle; 2 rituels; 2 processionaux; 2 mis-
« sesl et 4 *antiphoniées,* avec 52 livres de cire façonnée en
« cierges. Effets métalliques : 6 chandeliers de *métalle* blanc
« avec croix de même; 4 autres *cristes* dont 2 en cuivre; trois
« lampes de cuivre, *une enscensoire* avec sa navette de mettail;
« un bassin avec sa couverte; un autre vieux; 2 bénitiers, un
« d'airain et l'autre de *métail;* un petit soleil de cuivre cassé, un
« petit ciboire de même, un autre en fer blanc; le dessus d'un
« pied de soleil ou de calice de cuivre doré; un porte-verre de
« lampe, aussi de cuivre; 10 livres et demie d'étain ou plomb;
« un calice, un ciboire, avec son pavillon de draps d'or; 2 paires
« de boîtes d'onctions avec une bourse qui les renferme; 653 li-
« vres de fer provenant tant du balustrage que des ferrements
« arrachés dans la dite Eglise; un petit tonneau cerclé de fer
« qui renferme peut-être 3 pintes d'huile. Tels sont les effets
« que nous avons reconnu nationaux, lequels dits effets nous
« avons fait charger pour être à l'instant conduits dans les ma-
« gasins du districts de Bruyères, sur la voiture du citoyen M.
« Gérardin, requis à cet effet par les citoyens Membres présents
« du dit Conseil qui nous ont déclaré et affirmé que tout ce qu'ils
« savent appartenir aux dites Eglise et Fabrique est cy-devant
« rappelé; qu'ils n'ont rien soustrait ni diverty; qu'ils n'ont
« point connaissance qu'il y aurait encore d'autres effets qui dé-
« pendraient de ladite Eglise ou qui reparaîtrait dans ycelle, d'en
« avertir sur le champ l'Administration Supérieure, à peine de
« demeurer responsables des suites qui pourraient en résulter...»

(Ont signé : Didier; Rivat; Joseph Hubert (maire), D. Lejal (off. m.), J.-N. Froisier (off.), Balland (notable), Voirin (Not.), George Thiéry (id.), H. Marchal (off), J. Lecomte (not.), Jules Marchal (id.), Demangeat (ag. nat.). et N. Girardin.

Le 25 nivôse an 3 (14 janvier 1795), les off. m. de la commune de Granges, sur le vu de la circulaire de l'agent national du District de Bruyères du 18 frimaire an 3 (octobre 1794), formèrent l'état des Meix et Jardins dépendant du cy-devant Presbytère :

1° Deux omées (1) vingt-deux verges faisant le contenu du jardin du *Mazi*, dit de Ste-Barbe, situé au Poutreau, de Granges;

2° Deux omées de *meix*, situé derrière la maison presbytérale, la rabaissée d'ycelle au couchant, entouré de murs aux autres faces.

3° Une omée seize verges faisant le contenu d'une autre *meix*, situé au même lieu, joignant celui-cy devant au nord, qui font tous les meix et jardins dépendant du Presbytère.

Le 3 mars 1906, en exécution de l'art. 3 de la loi du 9 décembre 1907 (dite loi de Séparation de l'Eglise et de l'Etat), il fut procédé, par les soins de M. J. G. Percepteur spécialement délégué par le Directeur des Domaines, à Epinal, et assisté de deux autres fonctionnaires requis par le dit délégué, et sur « le refus formel d'assister, même passivement à l'inventaire, refus opposé par M. G... curé et M. G..., présidènt du Conseil de la fabrique » à l'inventaire des biens dépendant : 1° de la Fabrique paroissiale de Granges; 2° des biens dépendant de la mense curiale de Granges.

Le chapitre premier de la première partie porte : en immeuble :

3 prés d'une contenance totale de 50 ares 80 centiares, évalués à 870 fr. les trois. En meubles et objets mobiliers (à la sacristie): 60 articles divers évalués à la somme totale de 990 fr. 75, plus un coffret contenant des papiers et registres, un titre de rente de 2 fr. appartenant à la mense curiale, l'encaisse de la fabrique au 3 mars et se montant à 1.158 fr. 53; dans l'Eglise : 40 articles estimés 1.447 fr.

Le chapitre 2 énumère sans les évaluer les objets immeubles par destination: 1 maître-autel; les boiseries du chœur avec deux stalles; une grille en fer, deux autels latéraux; 4 rangées de bancs de chaque côté de l'allée centrale et deux rangées de 26 petits bancs; fonts baptismaux en pierre; une chaire à prêcher; une tribune supportée par deux piliers et contenant de chaque côté 26 bancs chêne; dans le clocher : trois cloches avec leurs montures; une horloge à trois cadrans (propriété exclusive de la commune de Granges). Tous les autres objets sont la propriété des communes de Granges pour 5/6 et de Barbey-Seroux pour 1/6.

« La fabrique n'à pas de passif. Outre les propriétés foncières mentionnées au chapitre premier, elle possède un titre de

---

(1) L'unité de mesure des surfaces était le jour, qui se divisait en 6 omées ou mines, et l'omée contenait 80 vergers. Le jour équivalait à 18 ares 78 centiares.

rentes 3 p. 100 nominatif, de 510 fr. dons de divers fidèles à charge de services religieux. »

La deuxième partie (Mense curiale), porte :

Un pré de 24 ares 83 centiares évalué 600 fr. (donation Houot à charge de services religieux); un titre de rente 3 p. 100, valant 60 fr. Il n'y a pas de passif.

« L'inventaire — dit le délégué des Domaines — a été retardé par suite de la manifestation organisée à l'intérieur de l'église par M. le Curé, entouré d'une centaine de manifestants, que l'emploi de la force publique n'a pu réduire complètement. »

Nous devons ajouter qu'afin de prévenir tout trouble, la brigade de gendarmerie du canton et une partie de celle de Géradmer avaient été requises, et qu'un soldat du génie, également requis, dut enfoncer, à coups de levier et de hache, la porte latérale droite de l'Eglise, pour livrer passage à l'agent des Domaines, car toutes les issues étaient solidement barricadées de l'intérieur de l'édifice. De plus, pour faire évacuer l'Eglise, une pompe à incendie (1) fut mise en batterie et arrosa copieusement les fidèles et tout ce qui se trouvait dans le temple. Malgré cela, l'Agent dut procéder à ses opérations au son des cloches sonnant « au feu », et au milieu des chants ininterrompus des paroissiens et des paroissiennes, dont la plupart, quoique fortement mouillés, ne lâchèrent pas pied (Au début M. le curé avait lu une véhémente protestation.)

Parmi les nombreux faits et événements secondaires relatifs au culte, nous avons cru intéressant d'enregistrer les suivants :

Ont été confirmés à Bruyères, dans le jardin des PP. Capucins, par Scipion Gérôme Begon, évêque de Toul ,le 7 juin 1750, 120 garçons et 146 filles de la Paroisse de Granges.

*
* *

« Séance du 11 avril 1793 an 2. Le Conseil général des municipalités de Granges et de Seroux, décide qu'il sera prélevé sur les fonds de la confrérie Sainte-Barbe, une somme de 100 fr. destinée à réparer la toiture de la nef de l'Eglise, la fabrique n'ayant pu participer à cette dépense. Elle n'avait comme reliquat que 12 sols 1 denier et que les rentes constituées qui proviennent des fondations pourraient à peine suffire pour faire acquitter les messes exigées y celles à cause des remboursées qui se trouvent épuisées.

« Je soussigné : Pierre Le Comte, citoyen à Granges, reconnais avoir reçu des mains du citoyen S. Demangeat, procureur de la Commune, résidant aux *Vertes-Pierres,* la somme de 90 livres au cours de la République, tant pour avoir ôtés les *fleurs de Lits* (lys) dessus la Croix du clocher que celle de dessus la nef et de plus celle qui est posée sur la Sacristie, que pour avoir descendu toutes ces dites croix, dont quittance avec 25 sols que j'ai

(1) En dehors de toute participation des pompiers.

reçu pour avoir fabriqué une *toise* pour mesurer les chevaux. Granges, le 22 frimaire an 2 (12 décembre 1793) (signature). »

Le même « confesse avoir reçu du dit procureur la somme de 23 livres pour avoir fait et posé le drapeau tricolore en haut de l'Eglise, dont quittance ce 9 ventôse an 2 (27 février 1794) ».

***

Temple de la Raison.

Ce jourd'huy 23 floréal an 2 (12 mai 1794), les officiers municipaux de la commune de Granges, désirant d'établir l'Eglise de ce lieu en Temple de la Raison, ont fait battre la caisse dans les places publiques pour procéder à l'enchère de cet établissement et il a été procédé aux conditions suivantes :

« L'Eglise sera séparée par une toile du haut du lambris jusqu'à terre, cette toille se lèvera quand il sera nécessaire. Cette séparation se fera tout au proche de la 5e collone et sera faite et construite de la *manière de celle de Gérardmer*, à laquelle les enchérisseurs seront tenus de s'y conformer.

« La Commune fournira la toile à ce nécessaire avec le fille retord propre et nécessaire à coudre la dite toile, la fera aussi coudre à ses frais. Les officiers municipaux requerront les voitures pour faire les charrois nécessaires. Les communes fourniront aussi les planches nécessaires à l'élévation de l'autelle de la patrie, qui y sera placé. Les enchérisseurs sont tenus de faire toutes les opérations et travaille à ce nécessaire et fourniront tout autre fourniture qui y sera besoin autres que celles que les communes se soumettent de fournir par la présente, et ne sera y cele adjugée que quand les officiers m. de Granges et de Seroux le jugeront à propos, sans passer le jour du 26 présent mois avant que d'y être statué.

« S'est présenté le citoyen J: N. Vairelle, de Corcieux, qui a mis les opérations cy-dessus à la somme de 250 livres. »

Après plusieurs rabais successifs faits par les nommés Valentin Lecomte; Gge Lemarquis; Pierre Lecomte, de Granges, le dit Vairelle; J.-J. Collin, de Seroux, la dite enchère « a été adjugée aux dits P. Lecomte et G. Lemarquis, pour la somme de 144 livres, au cours de la République qui sera payée lors de la réception de la présente enchère; lesquels adjudicataires procéderont dans le plus bref délai au travail qui est ordonné que le tout soit parachevé de ce jourd'huy en quinze jours. »

« L'autele de la Patrie sera construite à l'emplacement actuel des fonts baptismaux; il ne sera fait aucune fracture à y ceux pour les déplasser tant moins que faire se pourra. Les adjudicataires se serviront d'un des confessionnaux du bas de l'Eglise, si un ne suffit pas, en prendront deux. Le tout comme il est espésifié au préambule. Fait et arrêté par les Municipalités des communes de Granges et Seroux, le 26 floréal an 2 (15 mai 1794) » (suivent les signatures des citoyens Jh. Humbert, maire de Granges; N. Pierré, maire de Seroux; des adjudicataires et de

30 officiers et un notable). Les 144 livres, montant de ce marché, furent payés contre quittance aux adjudicataires, le 13 prairial an 2 (1er juin 1794), dans la proportion de la cote mobilière de chaque commune, savoir, 118 l, 5 s. par Granges et 25 l. 15 s. par Seroux. Les mêmes reçurent en même temps « trois livres pour l'Epitaf posé au-dessus de l'autel de la patrie. »

*
* *

« 3 pluviôse an 3 (22 janvier 1795), la Société Populaire du canton de Granges, demande à la Municipalité de *vendre* les toiles qui voilent le temple. La somme produite par cette vente servira à l'achat d'un drapeau pour le service de la garde nationale. Le Conseil refuse cette vente, déclarant que les toiles ne lui appartiennent pas, une partie d'y celles ayant été fournies par des particuliers. La même Société demande de faire transférer l'Autel de la Patrie du lieu où elle est au lieu et place de l'Autel et remplissement des enquadrements. Le Conseil répond qu'il lui est impossible d'accéder à ce désir, faute de fonds. Il invite les patriotes de la Société à faire ces changements à leurs frais. Il déclare qu'en le faisant ils auront bien mérité de leurs concitoyens. »

Démissions de prêtres. — Déclarations. — Divers. — « 30 prairial an 2 (18 juin 1794), devant le Conseil général de la commune s'est présenté le citoyen Claude Amé Creusat, vicaire en chef de la Paroisse qui, voulant se conformer au vœu général et maintenir la paix et l'union parmi les concitoyens, s'est librement démis de sa place de ministre du culte de cette commune, et en a fait sa démission, qu'il nous a requis de vouloir recevoir et transcrire sur nos registres, et qui a été acceptée pour libre et volontaire par le Conseil. » (Même déclaration a été faite par le citoyen J.-B. Demange, vicaire commensal).

— « 10 thermidor an 2 (28 juillet 1794). « La commune de Granges avait deux prêtres; lesquels ont fait leur démission administrative de prêtres le 30 prairial dernier et réclament leur traitement. Il n'y a existé n'y existe aucun autre *ecclésiastique religieux* dans cette commune. Les noms de ceux existants sont les citoyens Claude-Amé Creuzat, cy devant vicaire en chef en ce lieu, et J. B. Demange, vicaire commensal depuis dans le courant de mars 1793 (vieux style). Le premier âgé de 53 ans 10 mois, le deuxième de 24 ans. Quand à la moralité d'y ceux elle a été et est à la hauteur des circonstances actuelles. S'étant toujours montrés bon et vray Républicains remplis de civisme, de zèle et d'activité à l'exécution des lois. Fait en séance publique (du Conseil général de la commune) et explication aux citoyens. »

— « 30 prairial an 2 (18 juin 1794), s'est présenté au greffe et a déclaré à la municipalité, le citoyen Joseph Rattaire, prêtre, qu'il désirait exercer le culte catholique dans l'Eglise du dit Granges, en qualité de ministre de ce culte, et a protesté qu'il

voulait soumission aux lois de la République. » (Même acte pour Joseph Balland). En marge de ces 2 dernières déclarations est inscrite la mention : « La présente déclaration est annulée depuis le 26 messidor an 3 » (14 juillet 1795). Le même jour le dit Joseph Balland renouvelle, en conformité de la loi du 11 prairial an 3 (30 mai 1795), sa déclaration d'exercer à Granges, le ministère du culte catholique.

— « 11 frimaire an 4 (2 novembre 1795), est comparu devant les officiers municipaux de Granges, le citoyen Joseph Balland, ministre du culte catholique, lequel a fait la déclaration dont la teneur suit : « Je reconnais que l'universalité des citoyens français est le souverain et je promets soumission et obéissance aux lois de la République. » Nous lui avons donné acte de cette déclaration et il a signé. » (Même déclaration a été faite et signée le même jour par Rattaire.)

— « 11 brumaire an 4 (2 novembre 1795), les catholiques, en conséquence de la loy du 7 vendémiaire an 4 (29 septembre 1795) déclarent individuellement à Joseph Rattaire avoir choisi pour l'exercice du culte l'Eglise et le cimetière y contigu, entouré de murailles, consacré à enterrer les corps des catholiques, et jouir de cette enceinte comme nos Encêtres en ont toujours joui. » (Suivent environ 200 signatures.)

— « 16 pluviose an 2 (4 février 1794). Le conseil général de la commune considérant qu'un trait de cloche donné le matin, à midi et le soir ne peut être autre chose que l'annonce du commencement de la journée, du milieu et du soir qui est la fin d'ycelle, décident qu'il fera sonner trois fois par jour. »

— « 28 fructidor an 5 (14 septembre 1794). Vu au conseil général de la Municipalité la lettre de l'Agent national du district de Bruyères; le dit Conseil forme l'état des objets demandés existant et non existant, en fait de temples, places publiques, etc., ainsi qu'il suit :

1° Il y a dans cette commune un temple dédié et consacré à l'Etre Suprême;

2° Point de place publique;

3° Il y a trois petits jardins que nous supposons nationaux, ayant été destinés pour le service du cy-devant vicaire en chef de ce lieu;

4° Point d'hôpitaux;

5° Point de fontaine publique;

6° Point de maison de cure. Cependant la commune a une maison qui était destinée pour le service du cy-devant vicaire qu'on appelait communément *maison bresbitérale,* qui est et a toujours été entretenue aux frais de la commune. C'est aussi où elle tient ses séances et le logement de son greffier municipal qui est la seule habitation qu'elle ait à cet effet. »

Le 20 octobre et le 27 novembre 1881, le Conseil municipal protesta vivement contre la décision, prise depuis peu, par le

Conseil de Fabrique, de louer les bancs d'Eglise pour augmenter ses ressources.

La Municipalité ayant soumis ce différend à l'Autorité Supérieure, M. le Préfet, à la date du 6 janvier 1882, répondit qu'il ne lui appartenait pas d'empêcher une fabrique de réaliser les ressorces ordinaires à l'aide desquelles elle doit, tout d'abord assurer les divers services de l'établissement; que toutefois, lors de l'établissement du budget communal de 1883, le Conseil municipal aura à examiner la question de savoir si, en présence de la détermination prise par le Conseil de Fabrique, il y a encore lieu de mettre le traitement du chantre au compte de la commune. »

Nous avons pensé que ces fleurs fannées, dont un laborieux glanage nous a permis de réunir toute une gerbe, reprendraient, à la clarté vivifiante de la publicité, et aussi au contact de l'actualité, un peu de leurs couleurs primitives, beaucoup de leur ancien parfum.

Granges actuel, Description, Géographie, Orographie Géologie, Population.

La vallée de la Vologne, escarpée et très resserrée depuis son origine jusqu'au hameau des Evelines, situé à trois kilomètres en amont de l'agglomération de Granges, s'élargit brusquement à partir de ce point charmant, et s'étend sur une largeur moyenne de 1.100 mètres.

Quittant les vastes forêts de sapin, qui sont sillonnées de sentiers tracés au hasard des excursions; qui abritent et nourrissent des myriades de touffes de myrtilles et de véritables champs étagés de digitales aux fleurs incomparables; laissant sur leur scène féérique (1) les roches chaotiques qui s'étendent ici en larges et inégales semées, là en tas rivalisant de formes, de désordre et d'équilibre incroyables, ailleurs barrant gauchement la claire rivière et les fougueux ruisseaux, qu'elles font serpenter, cascader et écumer, cette enchanteresse vallée offre, instantanément, de nouveaux aspects, d'autres merveilles...

Entourée de hautes montagnes de tous côtés, sauf au nord-ouest, elle forme, à partir du pont des « *Charbonniers* », à 500 mètres d'altitude moyenne, un long plateau bien abrité, d'un nivellement naturel presque parfait, et où s'épanouit le bourg travailleur de Granges, avec ses prairies en damier, ses champs bien entretenus, ses quartiers populeux, se groupant autour de l'antique Eglise, autour des puissantes usines occupant la moitié

(1) Mais non immuable, hélas! car l'industrie granitique lui a déjà infligé d'affreux ravages.

de la .population, le tout serti dans un cadre de parterres de bruyères, de genets dorés, de fougères ,de verdoyants côteaux que le cultivateur gringeau a su rendre fertiles, de riants bocages d'où émergent, de-ci, de-là, de proprettes habitations.

Granges est sous tous les rapports la plus importante des treize communes du canton de Corcieux, arrondissement de Saint-Dié, département des Vosges.

Elle est bornée au *nord* par les Communes d'Aumontzey et de la Chapelle; à l'*est* par celle de Barbey-Seroux; au *sud* par celles de Champdray et de Jussarupt.

Son périmètre est de 28.935 mètres se répartissant ainsi :

Limite d'Aumontzey, 3.060 m.; de la Chapelle, 2.670 m.; de Barbey-Seroux, 7.090 m.; de Gérardmer, 2.395 m.; de Liézey, 6.050 m.; de Champdray, 5.690 m.; de Jussarupt, 1.980 m.

Sa superficie est de 2.964 hectares, divisée de la manière suivante :

Terres labourables, 680 hectares; prés, 1.010 h.; bois et forêts, 940 h.; terrains incultes, 214 h.; chemins, rivières, ruisseaux, 120 hectares.

Total égal : 2.964 hectares.

La forme de la commune de Granges imite bien celle d'un immense cerf-volant, dont la tête piquerait juste entre les communes de Jussarupt et d'Aumontzey.

Sa plus grande longueur (du N.-O. au S.-E.) prise du lieudit « les Costelles » n° 1.046, section C du cadastre, au point de rencontre des limites de ces deux localités, jusqu'aux « Rains-de-Vologne ». forêt domaniale, n° 774, section B, est de 9 kil. 850.

Sa plus grande largeur (du N.-E. au S.-O.) est de 4 kil. 700. Elle s'étend de la forêt domaniale « Droite-de-Vologne », n° 612, section B, à une passée communale lieudit à « Stouéfaing », près le n° 2.429, section C.

Le cadastre de Granges, terminé sur le terrain le 25 janvier 1832, sous l'administration de M. Siméon, préfet; de M. Augustin Daniel, maire, et sous la direction de M. Bergon, directeur des Contributions directes, et de M. Jaillet, géomètre en chef du cadastre, par MM. Bruyon et Thiriet, géomètres arpenteurs, divise le territoire de la commune de Granges en quatre sections, savoir :

Section A, dite des « Côtes », comprenant 1.383 parcelles (de propriétés imposables), représentant une surface totale de 455 h. 26 a. 02 c. Depuis, il a été ajouté 37 autres parcelles faisant une surface de 1 h. 8 5a. 82 c., provenant du domaine communal non imposable auparavant : passées, excédents de chemins, etc. Cette section avait, à cette époque, 10 h. 78 a. 06 c. de chemins, 2 h. 09 a. 02 c. de rivières et ruisseaux (parties non imposables) et 39 maisons.

Section B, dite « du Sud », comprenant 2.244 parcelles imposables, représentant une surface totale de 768 h. 30 a. 70 c. plus 768 h. 7 8a. 32 c. de bois domaniaux (non imposables).

Depuis il a été ajouté 36 autres parcelles, faisant une surface de 2 h. 41 a. 67 c. Cette section comptait, en 1832, 28 h. 25 a. 38 c. de chemins, 7 h. 21 a. 14 c. de rivière et ruisseaux. Il y avait 132 maisons (202 parcelles de cette section, y compris 18 maisons soit une surface de 197 h.) en furent distraites en 1836 pour former une partie de la commune de Liézey).

Section C, dite « de Berchigraanges », renfermant 3.640 parcelles, donnant une surface totale de 1.163 h. 78 a. 27 c. Depuis il a été ajouté 59 parcelles, d'une surface totale de 2 h. 11 a. 58 c. Elle comptait, en 1832, 35 h. 27 a. 21 c. de chemins, 5 h. 13 a. 85 c. de rivières et ruisseaux; 188 h. 31 a. en bois domaniaux et 217 maisons (106 parcelles, y compris 16 maisons (soit une surface de 260 h.) sont passées à Liézey, en 1836).

Section D, dite du « Village et Frambéménil », comptant 1.411 parcelles, ayant une surface totale de 174 h. 55 a. 35 c., plus 9 h. 51 a. 18 c. de parties non imposables et consistant en :

Chemins, 6 h. 70 a. 83 c.; rivières et ruisseaux, 2 h. 29 a. 48 c.; cimetière, 31 a. 90 c.; église, 7 a. 20 c.; jardin de la cure, 6 a. 50 c.; presbytère, 2 a. 80 c.; halle, 1 a. 57 c.; maison d'école, 90 c.

Depuis 1832, il a été ajouté 47 parcelles, provenant de parties non imposables auparavant et formant un total de 66 a. 09 c. A la même époque, cette section comptait 100 maisons.

Le bourg de Granges — l'agglomération, à 10 kil. de Corcieux, 29 de Saint-Dié et 36 d'Epinal, situé par 4°27 de longitude Est et 48°9 de latitude Nord — compte (dénombrement du 4 mars 1906) 2.552 habitants (dont 35 de nationalités étrangères), 694 ménages et 291 maisons, se répartissant ainsi qu'il suit dans les quinze quartiers ou anciens hameaux le composant :

1° Route d'Aumontzey : 177 habitants, 50 ménages, 18 maisons;

2° Avenue de la Gare : 190 hab., 54 mén., 23 mais.;

3° Le Cours-de-Laître : 31 hab., 11 mén., 7 mais.;

4° La Rue : 64 habitants, 25 ménages, 9 maisons;

5° La Grande-Rue : 92 habitants, 23 ménages, 15 maisons;

6° Les Paires : 121 habitants, 38 ménages, 17 maisons;

7° Route de Corcieux : 41 hab., 10 mén., 4 mais.;

8° Les Cherrières : 79 habitants, 22 ménages, 10 maisons;

9° Le Jay : 112 habitants, 30 ménages, 12 maisons;

10° Le Meix-Claudel : 152 habitants, 46 ménages, 18 maisons;

11° Blanchefeigne : 374 habitants, 87 ménages, 30 maisons;

12° Le Poutreau : 269 habitants, 77 ménages, 38 maisons;

13° Les Voids : 352 habitants, 96 ménages, 43 maisons;

14° Le Bas de Granges : 419 hab., 107 mén., 37 mais.;

15° Genazeville : 79 habitants, 21 ménages, 10 maisons.

Totaux égaux : 2.552 habitants, 694 ménages, 291 maisons.

Fascicule N° 2.

Monument aux Morts de 1870-71.

Si cette publication a subi un temps d'arrêt à son début — il est écrit que tout commencement sera dur — ce n'a été faute d'encouragements. Au contraire, nous sont venus d'emblée encouragements et éloges, nombreux et sympathiques, et nous sommes heureux de pouvoir en offrir à nos lecteurs un brillant et grâcieux bouquet. Cette flore bien « vosgienne » ne doit pas rester en serre; éclose sur la montagne, il lui faut de l'air et du soleil !

« *...Je vous félicite... Vos notes sur le curé Chapotel sont excellentes; elles donnent bien le sens de nos mœurs rudes et saines, où l'on voit une race, encore pleine de ressources, de puissances encore hier si magnifiques!* » (Maurice Barrès, de l'Académie Française.)

Votre première livraison — nous écrivait M. Ch. Sadoul — *m'a vivement intéressé et c'est avec grand plaisir que je lui consacre une note dans le prochain « Pays Lorrain ».* En effet, le numéro de juin 1908 de cette élégante, sincère et vaillante Revue régionale dit : « Les auteurs, estimant avec juste raison que notre pays est encore fort peu connu, que bien des coins intéressants sont négligés ou dédaignés, se proposent, espérant être suivis, de parler de ceux qu'ils connaissent... Le programme est excellent et nous avons lieu de croire, d'après le premier fascicule, qu'il sera fort bien exécuté. »

M. André Philippe, le très érudit et très sympathique archiviste départemental, président du Comité d'Histoire Economique de la Révolution dans les Vosges, dans son bulletin trimestriel qui est et restera — par ses inépuisables et riches documents, présentés de mains de maîtres, — l'histoire la plus complète, la plus vivante de nos Vosges, durant cette période si poignante, si intéressante de leurs annales, M. Philippe écrit :

« *Il y a à Granges un noyau de travailleurs...*

MM. Petitjean et Mlle Petitjean (institutrice) viennent de faire paraître le premier fascicule d'une œuvre intitulée Le Pays Vosgien et ses Habitants. *C'est Granges qui a été choisi comme premier sujet d'étude...*

Entreprise sur plusieurs points, par différents travailleurs, ces études ne tarderaient pas à former un faisceau solide d'où sortirait presque mécaniquement l'histoire d'une région, d'un canton, d'un département. Des efforts de ce genre sont à encourager et nous le ferons toujours quand l'occasion nous en sera donnée. »

14 juillet 1909.

Le Sol, l'Air et les Habitants.

Géographie; Orographie; Hydrographie; Géologie; Faits Atmosphériques mémorables; Relevé de la Population à diverses époques.

C'est au *Cours de Laître* que se voit encore aujourd'hui, très nettement sur un assez grand parcours, *l'ancien lit de la Vologne*, ou un bras de cette rivière. Ceci remonte à des milliers d'années sans doute. La grosse *Roie du Greffet*, qui part de ce cours d'eau, près de la scierie de *Blanchefeigne*, et arrose de nombreux prés, suit à peu près cette ancienne voie, qui revit en moyenne chaque dix ans, durant quelques jours, lors des fortes crues.

Les hameaux des *Paires* et des *Cherrières*, malgré leur situation en pleine activité industrielle, ont gardé, du moins pour la majeure partie de leurs habitations, leur vieille physionomie; antiques maisons basses, à rez-de-chaussée en contre-bas du sol, à pignons en *dosseaux* brut ou garnis d'une *ramée* en *essis* ou *bardeaux;* aux fenêtres plus larges que hautes; avec la vaste et unique cheminée où flambait l'âtre chauffant toute la maisonnée, cuisant les aliments pour les gens et pour le bétail, tout en servant à fumer le lard et les autres pièces de viande de porc gras que tout ménage sacrifiait à la Sainte-Barbe.

La population éparse (1.246 habitants) est distribuée en de nombreux hameaux, écarts et fermes isolées, comportant 323 ménages et 269 maisons.

Les principaux hameaux et écarts, avec l'indication, pour chacun, du nombre de maisons, du chiffre de sa population et de sa distance du chef-lieu de la commune, sont :

Frambéménil, 19 maisons, 137 hab., à 1.500 m. à l'ouest. C'est à 250 m. en amont, sur la rive gauche de la rivière que se trouve le lieu-dit « le Cimetière », ainsi appelé parce qu'en cet endroit furent enterrés les combattants tués dans un engagement entre des cavaliers du Duc Charles IV et les soldats de Turenne, en 1674. Il y a dans ce charmant hameau un tissage de coton.

Les Chappes, à 1.300 m. au N.-E., 7 maisons et 37 habitants. Endroit bien abrité, très sain, mais n'empiétons pas sur le chapitre « Promenades et Excursions ».

Le Pré-Genêt, à 800 m. au N.-E., 5 maisons, 26 habitants.

Les Evelines, à 2 km. et demi au S.-E., 26 maisons, 111 habitants; possède une école mixte. Fabrique de pâte à papier et scierie moderne.

Le Hulle, à 2.200 m. un peu plus à droite, 8 maisons, 56 habitants.

Le Haut-Rain, à km. et demi, même direction, 4 maisons, 25 habitants.

Gadémont, du même côté, à 3.600 m.; 7 maisons, 35 habitants; siège d'une Ecole mixte. Carrières de granit (fabrication de pavés de rues, bordures, etc.).

Les Crostés, à 5 km. au S.-E., 6 maisons, 30 habitants.

Le Haut-Spoix, à 4.500 m. id., 3 maisons, 14 habitants. Ce lieudit — d'une étendue de 10 hectares — fut, par erreur d'un géomètre, compris dans le périmètre de la commune de Liézey, créée en 1836. Ses habitants — ils étaient huit — introduisirent une demande aux fins d'être rattachés à Granges. Cette affaire, après une instruction qui dura près de cinq ans (!) reçut enfin une solution favorable par ordonnance royale du 13 février 1844. Le dossier, conservé aux archives de la commune, comprend : pétitions, plans, rapports de chefs de services, enquêtes, délibérations des Conseils municipaux et du Conseil général, avis d'une commission syndicale, etc., en tout 53 pièces.

Les Jumeaux, à 1.500 m. au sud-S.-E., 5 maisons, 62 habitants.

La Basse de la Cuve, même direction, à 2 km., 6 maisons, 29 habitants. Féculerie Coopérative.

Falurgoutte, à 2.400 m. au midi exactement, 6 maisons, 30 habitants.

Berchigranges, à 3 km. et demi, au sud, 8 maisons, 36 habitants. Centre d'une circonscription qui eut son importance et a conservé une certaine automonie, avec sa Forêt Sectionale et son école, bâtie en grande partie par le travail et les dons particuliers de ses habitants. Le Haut-du-Pré, à 4 km. même direction, 5 maisons, 32 habitants.

Les Baumes, au S.-O., le Bas à 500 m., le Haut à 1.500; 12 maisons, 60 habitants. (*Les Roches-des-Baumes* : puissent — dans les pages réservées aux Promenades — l'Art vrai et la la Muse la plus captivante, nous inspirer pour sertir et chanter, comme ils le méritent, ces *Joyaux* de Granges !)

Au S.-O. : la Passementière, avant : Passé-Mantière, à 1.600 m., 4 maisons, 15 habitants; le Boulay, à 2.200 m., 8 maisons, 24 habitants.

***

Les montagnes qui abritent Granges, dirigées du N.-O. en S.E. forment deux chaînes, à peu près parallèles et sensiblement surbaissées, celle de la droite de Vologne, par le vallon de *Barbey-Seroux;* celle de la gauche par les vallons du *Boulay*, des *Huttes* et du *Spoix.*

C'est de ce côté que se trouve une avant-scène superbe du panorama de Granges, le large plateau du *Haut-Rain,* débordant en promontoire jusque sur le front du bourg.

Ces deux chaînes, où dominent, d'un côté : *le Tayon, le Palon* (756 m. d'altitude), *le Chevry, l'Etang-d'Oron* (749 m.), sur Barbey-Seroux, *Malfaing* (892 m.) sur les Arrentès, sont des contre-forts très avancés de la dorsale des Vosges, dont l'un des chefs massifs, *le Kastel-Berg,* qui a 1.345 m. d'altitude et qui est voisin du *Honeck* (1.364), se voit très distinctement de la gare de Granges.

***

Granges est situé dans le bassin de la Haute-Moselle. Il est arrosé par :

1° La rivière « la Vologne », qui a un parcours effectif de 13 kilomètres sur son territoire.

2° Le ruisseau du *Naymont* descendant de Barbey-Seroux, qu'il traverse; prend sa source aux Arrentés et se jette dans la Vologne, à 400 mètres en amont de l'usine Walter-Seitz.

3° Celui des *Bas-Prés* (ou des *Voids*), renforcé par ceux du *Val-du-Perthuis* (ou des *Huttes*), de *Gadémont* (ou de *Spoix*), du *Haut-Rain* (lequel a lui-même pour tributaire celui de *Menaumont*). Ce ruisseau, ou plutôt cette ramification de ruisseaux, prend sa source, — en fourche — à *la Feigne des Ursons* et à la *Goutte d'Aufour.* Il tombe dans la rivière, lieudit *aux Turbines,* après avoir servi, au moyen d'une retenue, à actionner un petit tissage et un jeu de câbles moteurs servant aux usines de la Maison P. Ancel-Seitz et Fils.

4° Le ruisseau du *Chauffour.*

Sous le rapport de l'eau potable, l'agglomération est desservie principalement par :

1° La source venant des *Chappes,* et qui alimente une trentaine de maisons;

2° La source des *Baumes,* desservant Genazeville et une partie du Bas de Granges et du Centre.

3° Celle dite de « *Léon Balland* » venant d'en face Genazeville, de l'autre côté de la rivière, et qui sert à une quarantaine d'immeubles.

4° Les sources communales du *Spoix,* très abondantes, captées, canalisées et distribuées en 1902-1903, et dont les travaux se sont élevés à 65.000 francs (non compris 5.400 fr. pour acquisition des sources et 8.000 fr. de frais de captage et d'isolement de ces eaux).

Cette eau est délivrée aux habitants par les concessions annales, renouvelables, au prix de 25 fr. par an, pour chaque fontaine donnant *cinq litres d'eau à la minute.*

A la date du 31 décembre 1908, le nombre de litres concédés se montait à 655. Il y a de plus 5 bornes-fontaines publiques. Le débit minimum de ces sources du Spoix, en été sec, est de 1.200 litres à la minute. Cette opération, l'une des plus heureuse que la commune ait réalisées, aura pour son développement une grande influence.

Le sol de la commune de Granges fait partie des terrains primitifs granitiques, d'origine éruptive, avec au nord, quelques gisements de terrains permiens, avec grès rouge.

Au point de vue cultural, tous les terrains, aussi bien dans la vallée que sur les côtes et les hauteurs, manquent de chaux.

Il existe, aux lieux-dits « les Huttes » et « la Feigne », à l'altitude de 790 m. un endroit très marécageux, d'une surface d'environ 2 hectares et qui contribue à la continuité, assez régulière, du débit du ruisseau des Huttes.

En 1903, lors des fouilles faites pour l'amenée des eaux communales du Spoix, il fut extrait, à 35 mètres du devant de l'Eglise, et à un mètre de profondeur, un fort bloc de *gneiss,* de la forme et de la grosseur d'un tronc d'arbre de 1 m. 30 de longueur sur 0 m. 70 de diamètre. Plusieurs gros morceaux de cette pierre, que l'on débita pour la sortir de la tranchée, ont été conservés, et constituent les plus beaux échantillons qui existent de gneiss granitique.

***

En 1705, été très chaud.

Du commencement de janvier jusque vers le 15 mars 1709, froid très rigoureux. Les années 1718, 19, 23 et 1724 furent très chaudes.

En février 1731, neiges extraordinairement abondantes.

Les 16 et 17 janvier 1732, ouragan terrible.

Le 6 juillet 1733, grand débordement des eaux : tous les ponts de Granges furent emportés.

En 1738 : 16 et 18 janvier, fort ouragan, presque toutes les toitures furent enlevées; le premier mai, neige abondante et très forte gelée le lendemain.

L'hiver de 1739-1740 fut extrêmement froid et long, sauf quelques journées; la gelée dura plus de 5 mois, ce qui causa une grande disette de fourrages. Débordement extraordinaire des eaux fin décembre 1740.

Un froid rigoureux commença dès le début de janvier 1741 et dura jusqu'au 15 mai.

Neige abondante le 23 avril 1743.

1746, été très chaud et sec, suivi d'un automne très pluvieux.

L'hiver de 1755-1756 fut extrêmement doux.

L'hiver de 1769-1770 fut long et très froid, avec de la neige en tas énormes.

En mars 1778, grands dégâts par suite du débordement des eaux.

Hiver très rigoureux en 1780-81.

Neige très abondante en l'hiver de 1782-83.

Etés très chauds en 1787, 88, 91, 92, 93, 98 et 1800 où il y eut 109 jours consécutifs sans pluie.

L'hiver de 1788-89 fut long et rigoureux, ainsi que celui de 94-95.

Fin décembre 1801, débordement des eaux.

Hivers très doux en 1803, 4 et 5; 1816, été très pluvieux.

1822 fut mémorable par la précocité et l'abondance des récoltes.

L'hiver de 1822-23 fut long et rigoureux; celui de 1829-30 fut extrêmement rude. La gelée faisait, à grand bruit, éclater l'écorce des arbres.

Débordement des eaux en décembre 1833; en février 44; en janvier 67 et fin novembre 69 (1).

1837 : beaucoup de neige en janvier et hiver rigoureux.

L'hiver de 1852-53 fut très doux. 1860 : année pluvieuse; 1866 : ouragan le 23 avril et gelées persistantes en mai.

1870 : sécheresse persistante en juin et juillet; ouragan dans la nuit du 23 au 24 octobre. L'hiver de 1870-71 fut très dur.

Dimanche, 4 février 1872 *: aurore boréale d'une rare beauté.* — Vers 6 heures du soir, le ciel se drapait presque entièrement d'une teinte pourprée; du Nord-Ouest au Nord-Est, se déroulait un large arc, du rouge le plus éclatant et formé de rayons perpendiculaires.

---

(1) A partir de 1867, les observations sont personnelles à l'un des auteurs, qui en atteste l'exactitude. Celles antérieures, puisées aux meilleures sources, sont aussi dignes de foi.

Du côté opposé, apparaissaient et disparaissaient soudain et sans cesse, tantôt en larges bandes, tantôt en traits minces, des taches d'un blanc lacté qui contrastait gracieusement avec le fulgurant éclat de la demi-couronne d'en face.

La lueur que répandait ce grandiose et resplendissant feu d'artifice olympien était telle que l'on eût dit un beau clair de lune, sans cette teinte cuivrée qui se réflétait partout.

A minuit, ce phénomène n'avait pas diminué d'éclat, et ce ne fut qu'à l'approche de l'aurore que ce spectacle ravissant disparut tout à fait.

Le 27 avril : forte gelée destructive de la végétation avancée et neige.

Neige très abondante le 13 mars 1874; fin octobre et premiers jours de novembre 78, amas considérables de neige.

1879 : Fréquentes gelées au commencement de mai. Du 1er au 15 août, sauf le 9 où il tomba beaucoup d'eau, chaleur torride; froid excessif les 28 et 29 novembre; 5 et 6 décembre, effroyable et froide tempête de neige; plusieurs usines sont arrêtées par suite d'amoncellement de neige et de glaçons obstruant les canaux actionnant les manèges; les trains du chemins de fer sont bloqués à Laveline. Du 7 au 11 du même mois, froid très rigoureux.

1880 : Le froid reprend du 18 au 29 janvier. Magnifique arc-en-ciel le dix juillet; le 24 décembre, forte crue des eaux.

1881 : Forte gelée les 9 et 10 juin. Chaleur, sécheresse inquiétante en juillet. Novembre fut très doux.

1882 : Refroidissement extraordinaire le 13 juin; les hauteurs du côté de Gérardmer sont couvertes par la neige. Par suite des pluies abondantes des 13 et 14 juin, les eaux qui s'étaient maintenues fort basses depuis plus d'un an, sont sensiblement remontées. Crue des eaux le 29 septembre, le 9 et le 25 novembre. Pluie très copieuse les 25, 26 et 27 décembre, qui fait fondre les neiges amoncelées sur les hauteurs et occasionne le plus fort débordement qui ait été observé. Le 27, pour refouler les eaux, qui commençaient à envahir la grande rue, et faire dévier le trop-plein de la rivière de chaque côté du bourg, il fallut faire en hâte, à 200 m. en amont du Grand-Pont, un barrage de 50 centimètres de hauteur.

1883 : du 12 au 15 mars, tempête et neige très abondante; la voie ferrée est obstruée et, le 5 les trains n'arrivent plus jusqu'à Granges.

Le 10 juillet, un orage d'une violence inouïe, avec poussée d'air cyclonique venant du sud-ouest, s'abattit sur Granges de 9 heures à 9 heures et demi du matin. Plusieurs toitures furent endommagées; quantités d'arbres furent arrachés ou saccagés. Le 15 du même mois, à 5 heures du soir, un nouvel orage, avec grêle, ravagea les sections de Berchigranges et du Boulay. 58 cultivateurs, propriétaires ou locataires, en furent victimes.

Les dégâts aux récoltes sur pied se montèrent à une dizaine de mille francs.

Les mêmes parages furent de nouveau éprouvés par la grêle le 28 juin 1885. Les pertes furent un peu moindres.

1886 : Assez forte gelée durant les six premiers jours de mai. Très fortes chutes de neige du 20 au 23 décembre; cette neige adhérant aux fils télégraphiques, les chargea tellement qu'ils furent presque tous rompus.

Froid très vif du 7 au 21 février 1887. D'hiver de 1887-88 fut long et rigoureux.

1893 : Sécheresse persistante. Les récoltes en herbage et en fourrage, sur les côteaux et sur les montagnes, furent à peu près nulles. (Dès la mi-juin les cultivateurs furent autorisés à faire paître leurs bestiaux dans les forêts communales.)

Sur le crédit de cinq millions alloué par l'Etat pour venir en aide aux victimes de cette température exceptionnelle, l'arrondissement de Saint-Dié obtint 12.900 francs, et la commune de Granges deux mille deux cent kilogr. de tourteaux qui furent répartis entre 24 fermiers nécessiteux.

Très forte crue des eaux les 8 et 9 mars 1896.

Le 6 octobre 1901, une tempête causa de sérieux dégâts dans les forêts et aux autres arbres.

Les 31 janvier et 1er février 1902, se déchaîna sur nos parages le plus terrible et le plus désastreux des ouragans. Des cantons de bois entiers furent presque complètement dévastés. Il y eut, dans les forêts communales de Granges seulement plus de deux mille mètres cubes de châblis.

L'hiver de 1906-07 restera « l'hiver des Neiges ». Jamais, sans doute, depuis plusieurs siècles, on n'avait vu autant de neige dans nos montagnes.

Le 29 août 1907, à 8 heures du soir, après plusieurs journées d'une chaleur torride, par un ciel très pur, ruisselant d'étoiles, la chute du serein était si abondante qu'en se condensant sur les toits, il se formait de véritables gouttières.

L'hiver de 1908-1909 fut long et glacial.

Mouvement de la population d'après des données et recensements officiels.

Années	Habit[s]	Ménages	Maisons
1736	1300	400	»
1804	2273	500	»
1809	2116	480	»
1836	2475 (1)	664	488
1841	2365	675	490
1846	2369	677	490
1851	2292	651	485
1856	2185	628	505
1861	2722	758	512
1866	2761	737	542
1872	2666	714	510
1876	2743	707	502
1881	2765	730	509
1886	3002	783	505
1891	3404	871	525
1896	3666	951	547
1901	3763	997	555
1906	3798	1020	560

Avant 1850, la population éparse représentait environ les deux tiers et la population agglomérée le tiers de la population totale.

25 ans plus tard, les deux catégories s'équilibraient. Actuellement (1909) c'est la population urbaine qui forme les deux tiers, tandis que les écarts ne fournissent que le tiers du nombre total des habitants.

L'État-civil

1. — *Des origines à la fin du XVIIe siècle.*

La tenue légale (sur papier timbré) et régulière des actes de l'état civil : naissances, décès et mariages (2) de la *paroisse Saint-George,* de Granges, jusqu'en 1793, et de la *commune* de Granges, depuis cette époque, date du commencement de l'année 1685.

---

(1) Avant le 16 mai 1836, date de la distraction d'une portion du territoire pour contribuer à la formation de la commune de Liézey.

(2) Le Code civil moderne y a ajouté la reconnaissance d'enfants naturels et le divorce.

Elle embrasse donc aujourd'hui une période de 223 ans.

(Il existe bien aux archives de cette commune un assez volumineux manuscrit où sont inscrits les actes de baptêmes, mortuaires et de mariages, rémontant à l'année 1618, mais comme l'ordre chronologique n'en est pas observé et qu'il présente des lacunes, il n'offre aucun intérêt au point de vue statistique; il a, par contre, comme document ancien, une certaine valeur.)

Au début, ces actes se réduisent à une simple indication, à une sommaire information, quelquefois suffisante, très souvent incomplète.

Voici la copie textuelle des trois plus anciens actes de baptême, mortuaire et mariage :

1° 1618 *Décembre. Le quatrième du présent mois fut baptisé à l'Eglise de Granges, Anne, fille de Demange Varin, tabellion audit lieu, et de Nougeatte, sa femme; George Barbey, son parrain, et Jeanne, femme à Nicolas Voirin, de Seroux, sa marraine.*

2° *Valentin George mourut le vingt août mil six cent vingtcinq.*

3° *Le 22e janvier mil six cent cinquante-huit. Le sieur Nicolas Georgel, maire de Granges, a espousé Claudette, fille de Jean Anthoine Balland, de Granges.*

Les actes de baptême mentionnent les prénoms et noms du père et les *prénoms seulement* de la mère. Par contre, les prénoms et noms, et parfois la qualité des parrains et marraines et du père de ceux-ci, sont soigneusement consignés.

Cette sorte de suprématie de la qualité de parrain et de marraine sur celle de la mère pourrait paraître fort bizarre, si l'on oubliait que l'objet spécial de ces actes était la constatation du *baptême*.

Avant 1685, aucune signature ne figurait au bas des actes. Ce fut seulement à partir de cette date qu'on vit apparaître celle du curé. Les registres étaient tenus en double, mais un seul était signé.

Les actes ne furent signés sur les deux registres qu'à partir de 1692. Les parrains et marraines ne commencèrent à signer qu'à la fin du XVIIe siècle. Lorsque l'un ou l'autre ne pouvait écrire son nom, l'acte portait : « ledit parrain (ou la marraine) n'ayant l'usage d'écrire a fait sa marque », laquelle consistait en une croix, autour de laquelle était tracé un rond près duquel on écrivait : « marque du parrain ou de la marraine ».

Jusqu'en 1692, ce fut le curé de Champ (Champ-le-Duc) qui signait les actes. Ils étaient écrits à cette époque par un laïc, Nicolas Colnel, greffier, car quoique déjà pourvu d'une église, Granges n'avait pas encore de prêtre en résidence, ainsi que nous l'avons vu au chapitre IV.

A partir de 1690, les actes ont plus de développement; leur forme approche celle de nos modernes documents.

Voici trois actes de cette année :

Baptême — « Le douzième janvier fut baptisé Joseph, fils de Jean Feve, de cette paroisse, et de Nicolle Pierron, sa femme, qui, après être né l'onzième du mois, environ une demi-heure après midy, a eu pour parrain Joseph fils de Nicolas Colnel, greffier de ce lieu, et pour marraine Marie, fille de Nicolas Vuillaume, tous du dit Granges, laquelle marraine n'ayant l'usage d'écrire non plus que le père, le dit parrain a signé avec nous. Signé : J. Colnel, Philibert, Estienne, curé de Champ, avec paraffe. »

Mariage. — « Le dix-septième janvier fut célébré dans l'église de Granges, le mariage d'entre Dominique, fils majeur de feu Humbert Arnould, de la paroisse de Jussarut, demeurant cy-devant à Aumontzey, en qualité de laboureur et âgé d'environ trente ans, d'une part, et Christine Michel, veuve de feu Marque Michel, notre paroissienne, âgée d'environ trente-deux ans, d'autre part, lesquels ont signé avec nous, en présence des sieurs (4 témoins), qui ont déclaré *ne les avoir jamais cru parents.* »

Mortuaire. — « Le treizième janvier fut inhumé dans l'église de Granges, Fleurette, femme de Chrétien le Comte, laquelle décéda hier, sur les six heures du soir. En foy de quoi Jean Mengin et Vincent Pourel, nos paroissiens, qui ont assisté au convoi, ont signé avec nous, en présence de ses parents qui n'ont usage d'écrire. »

Les actes civils n'existent pas encore; ce sont toujours des actes religieux. On ne connaît pas les actes de décès, mais les mortuaires, qui ont pour unique objet de constater que le défunt a été inhumé en terre sainte, de laquelle étaient exclus les suicidés ainsi que les personnes n'appartenant pas à la religion catholique.

Aux 16ᵉ et 17ᵉ siècles, les prénoms fréquemment employés pour les femmes sont : *Claudette, Quirine, Georgine, Jacquatte, Pierrette, Bernarde, Jacqueline, Toussaine, Mathiate, Blaisette;* Marie, Anne, Catherine, Barbe, Christine, Magdeleine.

Les prénoms masculins sont : Jean, Dominique, Jean-Baptiste, Nicolas, Joseph, Claude, François, Marc, Blaise, Jacques, George, Quirin, Laurent, Antoine, *Thibaut.*

(Ne sont plus usités de nos jours les prénoms en italiques ci-dessus.)

Les plus anciens noms de famille sont : Balland, Michel, Marchal, Mengin, Noël, le Comte, Pierre, Tisserand, Georgel, Méline, Sonrel, Varin, Pourel, L'huillié, Villaumé, Villaume (*qui s'écrivaient au début Vuillaumé, Vuillaume*); Delaître (*Delaistre*), Colnel (*Collenel*); Mathis, Didierjean, Lemarquis, Didier, Voirin, Humbert, Valence, Blondat, Voinson, Philippe, Defranoux, Durand.

Sont éteintes depuis nombre d'années, du moins à Granges, les familles L'Huillié, Mathis, Voinson, Blondat, Didierjean.

Assez souvent les actes portent les qualifications de « homme honneste, homme vertueux »; quelque fois celles de « pauvre estranger, homme pauvre, mendiant ». A la naissance d'un enfant naturel, la mère devait déclarer quel en était le père.

2. — *Au XVIIIe siècle.*

Au XVIIIe siècle, la tenue des actes reste la même en ce qui concerne les baptêmes. Les mortuaires changent de formule; ils s'imprègnent davantage encore d'idées religieuses. Le fait du décès est secondaire; la préparation à la mort au contraire, relatée en détail et répétée pour chaque défunt, est l'essentiel. Quant aux actes de mariages, ils sont complètement transformés. Ce sont encore les vicaires ou curés de la paroisse qui reçoivent et signent les actes.

Acte mortuaire. — « L'an mil sept cent-un le cinquième jour du mois de may, est décédée Quirine Thiéry, femme de Quirin Villaume, de cette paroisse, âgée d'environ quarante-cinq ans, après avoir été confessée, reçu le St-Viatique et l'Extrême-Onction. Son corps a été inhumé le sixième des mêmes mois et an dans le cimetière de cette paroisse, avec les cérémonies accoutumées, en présence de Claude Noel et de Claude Vinat, qui ont signé avec Nous. »

Acte de Mariage. — « L'an mil sept cent-un, le dix-septième jour de may après avoir publié cy-devant trois bans au prône de la messe paroissiale, sçavoir le premier le dimanche premier jour de may, le second le dimanche huitième du dit mois et le troisième le dimanche quinzième jour du même mois. Entre Laurent, fils de Claude Mengin et de Barbe Valentin, ses père et mère, de cette paroisse, d'une part; Et Barbe, fille de Jean Délon et de Claudette Le Marquis, ses père et mère, aussi de cette paroisse, d'autre part; sans qu'il y ait eu aucun empêchement ni opposition, je soubsigné Claude de Cuvilliers, prêtre vicaire à la dite paroisse, ay reçu leur mutuel consentement à mariage et leur ay donné la bénédiction nuptiale avec les cérémonies prescrites par l'Eglise. En présence de Me Jacques Georgel, tabellion à Granges, de George Michel, de Jean Mengin, régent, et de Nicolas Georgel, tous du dit lieu, qui ont signez avec nous. L'époux a signé et l'épouse a déclaré ne sçavoir écrire. »

Les femmes, qui auparavant n'étaient désignées que par leurs prénoms, commencent maintenant à être nommées par leurs noms de famille.

Vers la moitié du siècle se créa un nouvel acte, sous la rubrique *Fiance, Fiançailles.* Il est devenu ce que nous appelons aujourd'hui la « Publication de Mariage ».

Voici la teneur du premier de ces actes :

« L'an mil sept cent cinquante, le vingt-sixième jour du mois de décembre, Jean George, fils de défunt Jean Joseph Demenge et de Marie Pourel, les père et mère de cette paroisse, d'une part; et Françoise fille de Barthélemi Toussaint et de défunte Marie Didier, aussi ses père et mère, demeurant depuis plusieurs années dans cette paroisse, d'autre part, ont été fiancés et se sont promis mutuellement de se marier aussitôt que faire se pourra, et *au plus tard dans quarante jours.* Lesquelles promesses ont été reçues et bénies par moy soussigné, prêtre et vicaire à Granges, en présence des parents de part et d'autre et des témoins qui ont signé avec les parties. »

Depuis le 1er janvier 1793, cet acte fut rendu public par affichage dix jours au moins avant la célébration du mariage. (A partir de mai 1803, chaque mariage devait être précédé de deux publications (1) faites deux dimanches de suite, la dernière trois jours au moins avant le mariage.)

Ce fut à la même époque, par application de la loi du 20 septembre 1792, que tous les actes de l'état civil furent confiés aux soins des Municipalités et reçus d'abord, et jusqu'au 20 vendémiaire an 9 (12 octobre 1800), par un officier public ou agent municipal élu par le Conseil général de la Municipalité (2). Depuis, et encore aujourd'hui, ces actes sont reçus par les maires, qui sont de droit officiers de l'état civil.

C'est aussi à partir de l'année 1793 que les registres, sauf celui des publications, portent à la fin de chaque année une table alphabétique pour chaque genre d'acte, et que ceux-ci, en général, prennent leur forme définitive. Leur libellé, sans être absolument uniforme, reste en quelque sorte enserré dans les prescriptions du Code, et a peu varié au cours du 19e siècle.

La commune de Barbey-Seroux (qui fait toujours partie de la paroisse de Granges), fut créé en 1792, et eut dès lors ses registres à elle.

•

3. — *Au XIXe siècle et de nos jours. — Modes successifs de la tenue des registres. — Statistique.*

En 1801 (an X de la République), le calendrier républicain, qui était en usage concurremment avec le calendrier grégorien

(1) Actuellement — loi du 21 juin 1907 — une seule publication, faite par simple affiche, est désormais exigée.

(2) Le premier de ces agents fut J.-Ant. Agnus, élu le 8 décembre 1792.

depuis le 1er janvier 1793, fut employé exclusivement, et jusqu'au 31 décembre 1805, dans les actes de l'état civil.

Par application de la loi sur le divorce du 27 juillet 1884, il fut institué un nouvel acte : la *Transcription,* signée par l'officier de l'état civil seul, du dispositif du jugement prononçant la rupture du mariage.

Durant une période de 24 ans (de 1884 à 1908 inclusivement), il ne se trouve transcrit à Granges que 14 divorces, soit une moyenne d'un divorce chaque deux ans.

Le vocabulaire des prénoms qui, auparavant était restreint, s'étendit considérablement au 19e siècle. Parmi les anciens, figurent encore assez fréquemment : George, Jean-Jean-Baptiste, Joseph, François, Louis, Paul;

Marie, Madeleine (non plus Magdeleine), Jeanne, Louise, Barbe, Rose, Joséphine.

Parmi les nouveaux les plus usités, il faut citer :

Léon, Emile, Charles, Henri, Marcel, Auguste, Gaston, Robert, André, Jules, Julien, Albert;

Maria, Léonie, Léa, Augustine, Anna, Paulette, Germaine, Lucie, Henriette.

La mode, remontant à plus de 150 ans, de donner aux enfants du sexe féminin plusieurs prénoms, dont presque invariablement celui de *Marie* le premier, subsiste encore, mais semble toutefois être en décroissance depuis quelques années.

En raison du développement que prit Granges à partir de 1856, date de la création de l'industrie : tissages et filatures mécaniques de coton, le nombre des noms de famille s'est accru également dans de fortes proportions.

***

Depuis leur tenue régulière, les registres de l'état civil de Granges furent établis en double minute, dont l'une, à la fin de chaque année, fut déposée aux archives de la paroisse d'abord et à celles de la commune ensuite.

L'autre double était envoyé :

Au siège du Diocèse jusqu'en 1765;

Au siège du Baillage royal de Bruyères de 1766 à 1790;

Au siège du District de Bruyères de 1791 à 1795;

A l'administration centrale du département des Vosges, à Epinal, de 1796 à 1799;

Au sous-préfet de l'arrondissement de Saint-Dié de 1800 à 1802;

Et enfin au Greffe du Tribunal de première instance du même arrondissement depuis l'année 1803.

Préalablement, chaque année, ces registres (en double) ont été paraphés : à partir de 1765 jusqu'en 1790, par le lieutenant général au baillage de Bruyères (un nommé Gusman, à cette dernière époque);

En 1791 et 1792, par le Tribunal Judiciaire de Bruyères;

De 1793 à 1795, par l'un des Membres du Directoire du district de cette ville;

En 1796 et 1797, par le président de l'Administration du *canton de Granges;*

De 1800 à 1802, par le sous-préfet;

Enfin, depuis 1803, c'est le président, ou l'un des juges, du Tribunal de première instance de Saint-Dié, qui est chargé de cette formalité, qui s'exécute très régulièrement.

De 1627 à 1697, les registres sont faits de feuilles timbrées aux armes du « Parlement de Metz » et au droit de un sol (avec augmentation, au moyen d'un petit timbre supplémentaire, de 4 deniers, de 1690 à 1697).

De l'année 1698 à l'année 1700; de 1706 à 1750, puis de 1765 à 1772, les actes sont écrits sur papier non timbré.

De 1701 à 1705, ils sont écrits sur papier timbré aux armes de Lorraine et Barrois, aux droits de 3 gros pour les années 1701 et 1702, et de 2 gros en 1703, 1704 et 1705.

De 1751 à 1764; de 1773 à 1791, ils sont écrits sur papier timbré aux armes de *Lorraine et Bar,* droit : 2 sols 9 deniers.

En 1792 et 1793, le papier porte deux timbres : celui ci-dessus de Lorraine et Bar, et un autre portant : *La Loi, le Roi, Minute* 6 *sols.* Il en est de même pour les registres de 1794 et 1795, sauf que le mot *Roi* est supprimé sur le second timbre.

En 1796 et 1797, il porte 4 empreintes : les deux précédentes, dont la deuxième est d'abord en noir et ensuite en rouge; la quatrième est rouge, marquée : *Rép. Fra.* 75 *centimes.*

Le timbre de 2 sols 9 deniers, aux armes de Lorraine et Bar, employé au cours de la seconde moitié du XVIIIe siècle, affecte 3 formes différentes, très artistiques.

(La première feuille d'un registre de l'an V porte un timbre, que nous n'avons pas revu ailleurs, de la forme d'une amphore, ornée de feuillages. On y lit : LORRAINE et BAR PROCED. D'OFFICES...)

En 1798, le timbre est de forme triangulaire, angles légèrement abattus; il est au droit de 75 centimes. De 1799 à 1803, il est de forme carrée (coins abattus), et porte : *Rép. Fra.* 75 *cen.*

De 1804 à 1814, le papier des registres de l'état civil porte: un timbre rond marqué « Emp. Fran. 75 , » plus un autre timbre rond, sec, portant, frappée en relief, l'inscription : « ADM. de l'enr. et des Dom. ».

En 1815 et 1816, il porte : un timbre ordinaire, rond, au droit de 75 c.; de 1817 à 1828, il est empreint d'un timbre supplémentaire rond, marqué « Loi de 1816, 50 C. en sus ».

Le 1829 à 1848, le timbre rond ordinaire porte : « Timbre Royal 1 fr. 25 c. ».

De 1815 à 1848, le timbre sec rond porte : *Timbre Royal* entourant d'abord les attributs de la royauté, puis ceux de la Justice et, dans les dernières années, les attributs de l'agriculture, de l'industrie et du commerce.

De 1849 à 1853, le timbre ordinaire rond est marqué « Timbre 1 f. 25 c. », et le timbre sec, toujours rond: « Timbre », avec les trois mêmes derniers attributs.

De 1854 à 1862, le timbre ordinaire est marqué « Timbre Impérial 1 fr. 25 c. », et le timbre sec avec le grand aigle : *Timbre Impérial.*

De 1863 à 1870, ce sont les mêmes timbres avec la différence que le droit est de 1 fr. 50.

En 1871 les actes sont écrits sur papier libre visé (avec une griffe), pour timbre au droit de 1 fr. 50 c.

En 1872 : timbre rond ordinaire à 1 fr.50 c. et un autre marqué : « 2 décimes en sus 1871 ».

De 1873 à 1886 : timbre ordinaire avec attributs de la Justice et la mention « Timbre 1 fr. 50 c. 2/10mes en sus ». Durant la même période, le timbre sec porte, entourant les attributs de la République : *Enregistrement, Timbre et Domaines.*

De 1887 et encore actuellement : mêmes timbres et droits, sauf que le timbre ordinaire porte : *République Française.*

Il est juste de remarquer que le service de l'Etat civil, l'un des plus anciens et des plus importants services publics, n'a cessé de fonctionner, en général, avec une simplicité, une aisance et une régularité rares (1). Cela tiendrait-il à ce que, seul par nos touffues administrations, surannées ou modernes, qui se meuvent péniblement — et à grands frais — dans un fouilli inextricable de formalités, ce service ne coûte pas un centime à l'Etat, mais lui rapporte au contraire, bon an mal an, de trois à quatre millions.

En outre, les statistiques, fort précieuses, que l'on tire de l'état civil, sont d'une précision mathématique.

---

(1) C'est ainsi qu'en l'espace d'un siècle, à Granges, on a été obligé trois fois seulement de suppléer par jugements à des omissions de déclarations de naissances.

TABLEAU A

Moyennes annuelles

Années	Naissances	Décès	Mariages
1691 à 1700	40	19	8
1701 à 1710	46	12	7
1711 à 1720	50	8	10
1721 à 1730	54	14	12
1731 à 1740	56	15	11
1741 à 1750	67	18	16
1751 à 1760	73	32	12
1761 à 1770	79	50	17
1771 à 1780	84	68	18
1781 à 1790	87	60	16
1791 à 1800	79	56	15
1801 à 1810	73	59	20
1811 à 1820	70	67	12
1821 à 1830	47	58	15
1831 à 1840	67	61	18
1841 à 1850	63	56	16
1851 à 1860	62	56	22

Observations :

En 1712 et en 1725 la mortalité dépassa le double de la normale.

En 1826, les décès dépassèrent de beaucoup la moyenne.

En 1746, il y eut le double de mariages qu'en année moyenne.

En 1756 la mortalité fut le double de la moyenne.

En 1771, il y eut presque le double de décès qu'en année moyenne.

Avant, vers 1760, les décès des enfants au-dessous de sept ans n'étaient pas enregistrés.

TABLEAU B

Donnant par année, de 1861 à 1908, inclusivement les totaux des naissances, décès, morts-nés et mariages.

Années	Naissances	Décès	Mort-nés	Mariages
—	—	—	—	—
1861	92	64	10	23
1862	73	65	7	10
1863	75	59	7	17
1864	80	54	9	23
1865	88	59	9	22
1866	67	55	10	28
1867	93	69	5	26
1868	74	44	7	31
1869	79	62	12	24
1870	86	63	9	19
1871	61	107	5	17
1872	86	67	7	38
1873	90	55	6	24
1874	85	58	6	34
1875	72	56	12	22
1876	86	66	9	19
1877	86	74	9	23
1878	91	66	7	24
1879	75	69	9	26
1880	86	58	5	28
1881	102	75	6	22
1882	87	54	7	27
1883	85	75	6	30
1884	88	90	9	17
1885	87	68	13	32
1886	109	84	7	33
1887	113	73	5	27
1888	109	91	10	25
1889	92	83	10	19
1890	109	86	9	31
1891	112	89	9	35
1892	126	121	9	38
1893	121	111	14	38
1894	121	75	4	39
1895	130	94	3	27
1896	132	84	7	33
1897	123	105	13	32
1898	137	95	8	35
1899	120	78	10	38
1900	140	95	9	31
1901	149	82	8	38

Années	Naissances	Décès	Mort-nés	Mariages
1902	128	70	11	36
1903	151	89	3	30
1904	126	74	5	38
1905	132	98	5	28
1906	124	85	3	32
1907	126	73	8	32
1908	97	84	7	33

De l'Infini, s'abîmant dans l'Espace;
Du beau ciel bleu, en bravant son courroux,
Oui je doutais... Mais ce doute s'efface
Quand je te vois, Vosgienne aux yeux si doux!

C. P.

Les Armoiries de Granges

Lors de la construction, il y a quelques années, des nouveaux bureaux de la Caisse d'Epargne de l'Arrondissement de Saint-Dié, il a été demandé à notre pays de fournir ses armoiries pour servir, avec celles des autres localités importantes de la région, de décoration à l'hôtel particulier qu'on avait décidé de construire à Saint-Dié.

Granges, après mûre réflexion, a donc forgé de toutes pièces ses armoiries. Elles sont définies, héraldiquement, ainsi qu'il suit. Elles ont l'avantage d'allier, heureusement, notre Passé avec Saint-George, à notre Présent avec l'industrie cotonnière florissante et sont, de l'avis de techniciens, très bien venues :

Un écu d'azur sur Saint-George d'argent terrorisant le Dragon au naturel, au canton dextre portant une roue de gueules à huit cames.

Us et Coutumes.

La paix, la paix prolongée surtout, favorise, dit-on, l'éclosion des sciences et des arts d'agrément.

Toutefois, de cet état social, qui tend à s'imposer aux sociétés modernes civilisées, ou qui croient l'être — c'est peut-être la même chose, — et dont ont peu joui nos ancêtres, ceux-ci savaient fort bien se passer, pour se livrer aux ébats joyeux, à cette détente de l'esprit et du corps, plus utile à la santé physique et morale du peuple que toutes les panacées antiques ou modernes.

Ah! c'est que ce besoin de l'humaine nature de se délasser, de s'échapper par moment aux tracas, aux nécessités de la vie de chaque jour est impérieux, imprescriptible, qu'aucun fait, qu'aucun événement ne peut arrêter son cours...

Nous passerons rapidement sur les *us et coutumes* bizarres qui ne se constatent pas exclusivement à Granges, mais qui sont communs à la plupart de nos campagnes vosgiennes.

Par contre, nous nous efforcerons de dépeindre, avec un soin minutieux, les pratiques et usages anciens et curieux que l'on ne rencontre qu'ici, ou du moins qui affectent certains détails tout à fait locaux et intéressants, recherchant parfois les causes qui les ont produits ou les événements qui leur ont donné naissance.

Le Quidonnage.

Le dimanche qui suit le *Mardi-gras* est, pour les jeunes gens des deux sexes, grand jour de liesse.

Dans l'après-midi, tous ceux, filles et garçons, qui ne sont pas encore engagés dans les liens de l'hyménée, s'assemblent sur la place publique, puis deux garçons, choisis parmi les conscrits de l'année, grimpent chacun sur un toit, l'un en face de l'autre. Là ils s'installent comme un professeur dans sa chaire. L'un tient à la main la liste des *filles* à marier, l'autre celle des *garçons* qui sont dans le même cas.

Ces préliminaires terminés, celui qui a la liste féminine crie : « Qui donne? » Son camarade qui se trouve sur le toit d'en face répond, également à haute voix : « Je donne ». Le premier reprend en nommant le nom qui se trouve en tête de sa liste et en ajoutant la formule : « Qui donne? ».

L'autre, choisissant sur son papier le nom d'un jeune homme ayant eu quelque relation avec la fille nommée, ou ayant sur sa personne ou sur sa dot — ce qui revient au même — quelque prétention, nomme ce garçon, en ajoutant d'une voix retentissante : « Je donne ». Les bravos des assistants acclament cette proclamation. (*A suivre.*)

www.ingramcontent.com/pod-product-compliance
Lightning Source LLC
LaVergne TN
LVHW010034230826
846091LV00005B/1702

* 9 7 8 2 0 1 2 8 9 4 9 8 3 *